理想·宅　编

家居空间
客厅 餐厅
色彩解读

中国电力出版社
CHINA ELECTRIC POWER PRESS

内 容 提 要

本书从配色的基础入手，细述八大主流客餐厅风格的色彩搭配秘笈和各大空间的实景案例解析，细致讲解家居空间的实用色彩搭配黄金法则，创作出一系列吸睛配色方法。同时结合十多位国内知名设计师的实景案例以及相关的色彩灵感来源，提供多种空间配色方案，使各种风格配色难题快速解决，力求给读者超级实用的宝典级素材库。

图书在版编目（CIP）数据

家居空间色彩解读. 客厅 餐厅 / 理想 · 宅编 . —
北京：中国电力出版社，2017.8
ISBN 978-7-5198-0799-3

Ⅰ. ①家… Ⅱ. ①理… Ⅲ. ①住宅 – 客厅 – 室内装饰设计 – 装饰色彩②住宅餐厅 – 室内装饰设计 – 装饰色彩 Ⅳ. ① TU241

中国版本图书馆 CIP 数据核字（2017）第 121913 号

出版发行：中国电力出版社
地　　址：北京市东城区北京站西街 19 号（邮政编码 100005）
网　　址：http://www.cepp.sgcc.com.cn
责任编辑：曹　巍　乐　苑（010–63412380）
责任校对：朱丽芳
装帧设计：王红柳
责任印制：单　玲

印　　刷：北京盛通印刷股份有限公司
版　　次：2017 年 8 月第一版
印　　次：2017 年 8 月第一次印刷
开　　本：710 毫米 ×1000 毫米　16 开本
印　　张：10
字　　数：200 千字
定　　价：58.00 元

前言

PREFACE

造型、色彩以及材料的质感，构成了家庭装修的三大要素，这三种元素的运用方式决定了家居环境的氛围。其中，色彩是最为直观、最引人注意的，不论是经济型装修还是高档次装修，恰当的色彩搭配是装修成功的一半，舒适的色彩可以掩盖选材以及造型上的不足。客餐厅是家居中会客、进餐的主要空间，其色彩搭配可以彰显出主人的品位。因此在进行家居环境设计时，设计师往往在客餐厅的色彩搭配上会花费更多的精力，尤其是后期软装饰品的色彩搭配，更是体现生活品位的利器。

本书由“理想·宅”（Ideal Home）倾力打造。本书遵循居室配色的科学规律，从色彩基本原理入手讲述客餐厅的色彩搭配，然后解读不完美客餐厅色彩的拯救方法、八大主流客餐厅风格的色彩搭配要领，最后以国内知名设计师的设计案例做深入剖析。不仅详细总结了客餐厅配色中常见印象的规律，而且通过解构式色彩实例，对客餐厅配色的各种技巧和方法进行了完整展示和讲述。同时从自然、时装、建筑、历史中汲取客餐厅的配色灵感，为准备装修的业主和设计师提供丰富的灵感来源和配色指导。

参与本套书编写的有赵利平、杨柳、武宏达、黄肖、董菲、杨茜、赵凡、刘向宇、王广洋、邓丽娜、安平、马禾午、谢永亮、邓毅丰、张娟、周岩、朱超、王庶、赵芳节、王效孟、王伟、王力宇、赵莉娟、潘振伟、杨志永、叶欣、张建、张亮、赵强、郑君、叶萍等人。

目录 CONTENTS

4 实景美图——呈现难以抵挡的“视觉诱惑”

- 四种角色奏响色彩和声
- 不同色相型展现开放与闭锁的配色效果
- 用色彩演绎空间的绝配之作

Chapter 1

由色彩

开始发掘客餐

厅的**奥秘**

四种角色奏响色彩和声

客餐厅是家居中会客、进餐的主要空间，其色彩搭配可以彰显出主人的品位。客餐厅空间中的色彩，既体现在墙、地、顶，也体现在门窗、家具上，同时窗帘、饰品等软装的色彩也不容忽视。事实上，这些色彩具有不同角色，只有了解色彩的角色，进行合理区分，才能更好地打造客餐厅。

背景色奠定客餐厅的基调

占据空间中最大比例的色彩（占比 60%），通常为家居中的墙面、地面、顶面、门窗、地毯等大面积的色彩。因为面积最大，所以引领了整个空间的基本格调，起到奠定空间基本风格和色彩印象的作用。通常客厅的电视背景墙、沙发背景墙和餐厅中靠近餐桌的墙面需要着重考虑。

餐厅的背景色与主角色属于同一色相，色差小，整体给人稳重、低调的感觉。

客厅的背景色与主角色的差异较大，整体给人紧凑、有活力的感觉。

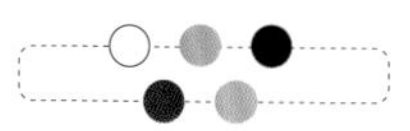

同一组物体不同背景色的区别

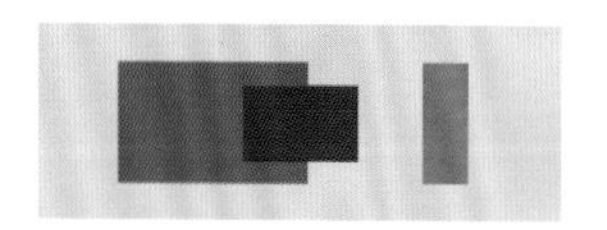

淡雅的背景色给人柔和、舒适的感觉。

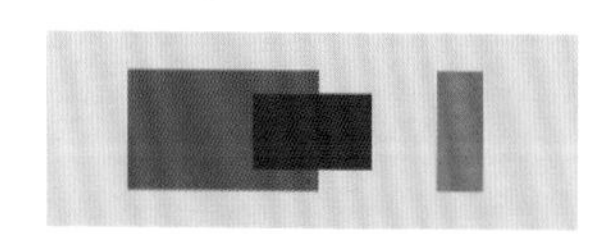

艳丽的纯色背景给人热烈的印象。

深暗的背景色给人华丽、浓郁的感觉。

主角色构成中心点

主角色指居室内的主体物（占比 20%），包括大件家具、装饰织物等构成视觉中心的物体，是配色的中心。客厅的主角色为沙发、茶几、地毯以及电视柜等，餐厅的主角色为餐桌椅和餐边柜。

在客厅中，沙发占据视觉中心和中等面积，是多数客厅空间的主角色。

配角色为了衬托主角色

配角色常陪衬于主角色（占比 10%），视觉重要性和面积次于主角色。通常为小家具，可以使主角色更突出。例如成组沙发中的一个或两个，抑或是沙发旁的矮几、茶几，餐厅中的餐边柜等。在客餐厅中配角色的存在，通常可以让空间显得更为生动，能够增添活力。因此，配角色通常与主角色存在一些差异，以凸显主角色。

蓝色的座椅明度很高，作为餐厅的主角色，旁边搭配深棕色的边几，明度较低作为配角色，令主角色更为明显。

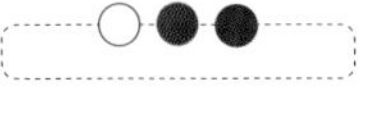

点缀色是生动的点睛之笔

点缀色指居室中最易变化的小面积色彩（占比 10%），如工艺品、靠枕、装饰画等。点缀色通常颜色比较鲜艳，若追求平稳感也可与背景色靠近。在客餐厅中搭配点缀色是需要注意点缀色的面积不宜过大，面积小才能够加强冲突感，提高配色的张力。

黄色面积过大，不凸显主体。

缩小面积，主体突出。

客餐厅中常见的点缀色

沙发抱枕

插花

工艺品摆件

餐具

客厅四种角色的配色解析

从例图可以看出，墙面、地面配色为背景色。

沙发为主角色，辅助性家具为配角色，其他小面积色彩为点缀色。

点缀色
主角色
点缀色
点缀色
点缀色
配角色
C18M39Y34K0
C55M36Y39K0
C87M51Y32K0
C76M56Y100K0

不同**色相型**展现开放与闭锁的**配色**效果

因客餐厅占用居室面积较多，所以在配色设计时，通常会采用至少两到三种色彩进行搭配，这种使用色相的组合方式称为色相型。色相型不同，塑造的空间效果也不同，总体可分为开放和闭锁两种感觉。闭锁类的色相型用在客餐厅配色中能够塑造出平和的氛围，较适合小型的客餐厅使用。而开放型的色相型，色彩数量较多，塑造的氛围更为活泼，适合较大型的客餐厅使用。

根据色相环的位置，色相型大致可以分为四种，即同相型、类似型（相近位置的色相），三角型、四角型（位置成三角或四角形的色相），对决型、准对决型（位置相对或邻近相对），全相型（涵盖各个位置色相的配色）。

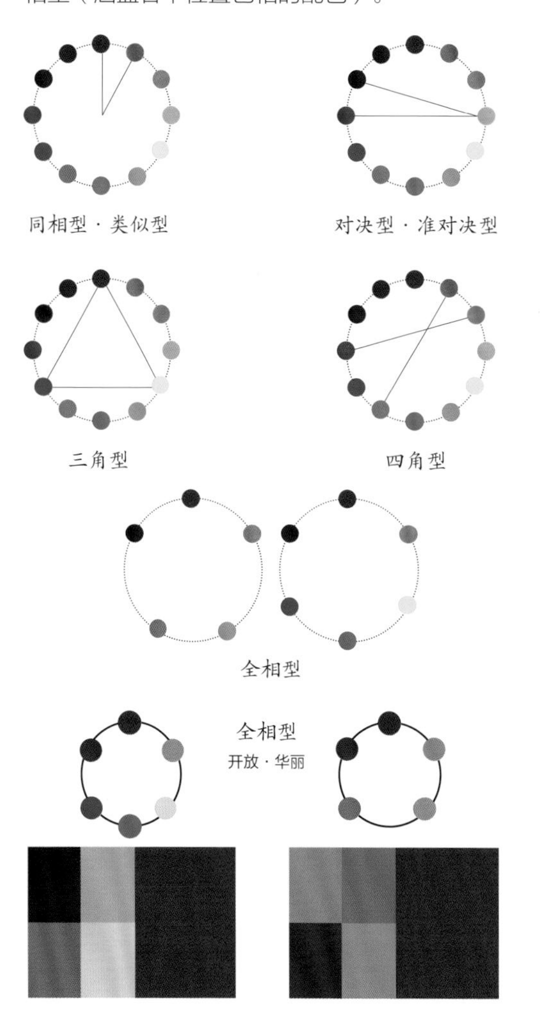

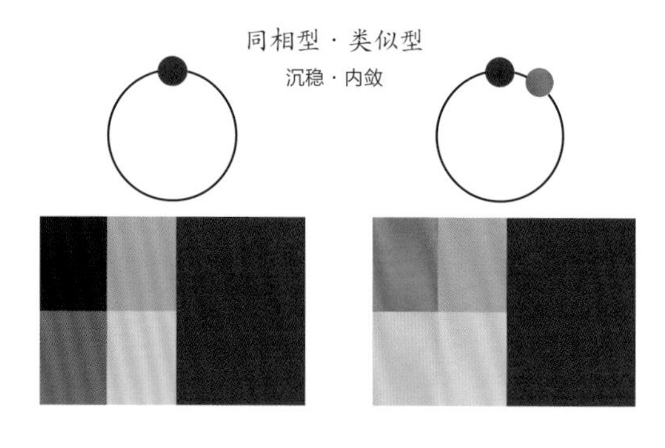

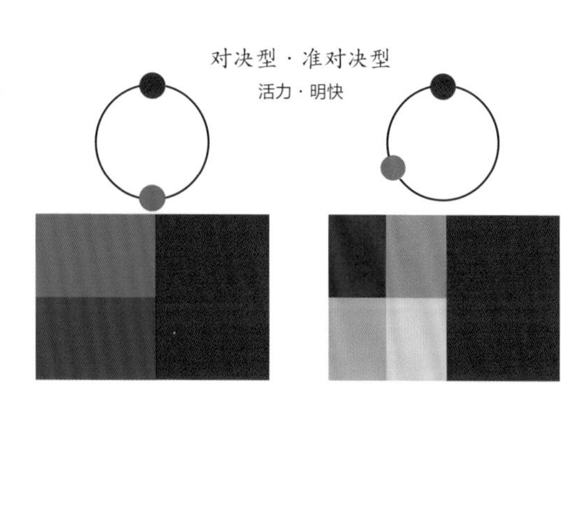

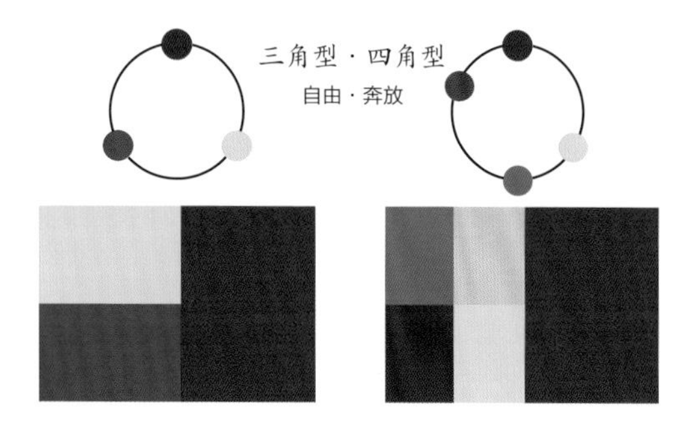

全相型

开放 · 华丽

同相型·类似型配色

完全采用统一色相的配色方式被称为同相型配色，用邻近的色彩配色称为类似型配色。两者都能给人稳重、平静的感觉，通常会在客餐厅的布艺织物的色彩上存在区别。

要点

同相型配色限定在同一色相中，只做明度上的变化，具有闭锁感；类似型的色相幅度比同相型有所扩展，在24色色相环上，4份左右的为邻近色，为同冷暖色范围内，8份差距也可归为类似型。

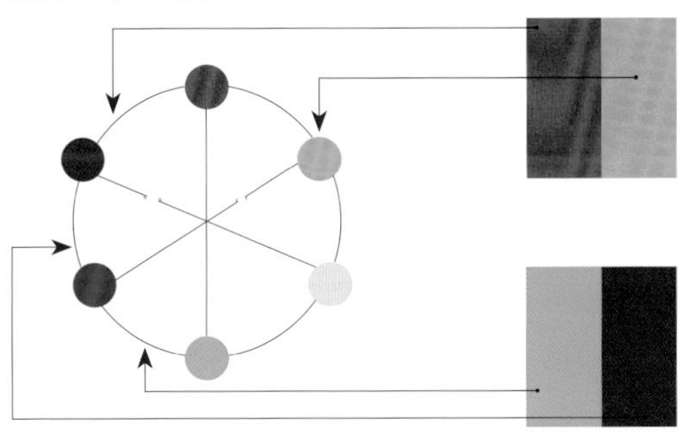

八份差距的类似型

同相型

闭锁感，体现出执着性，稳定感。

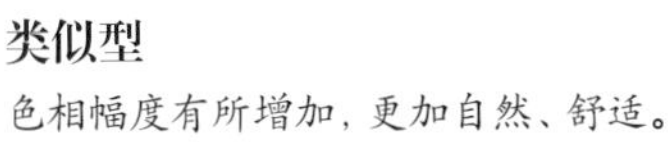

类似型

色相幅度有所增加，更加自然、舒适。

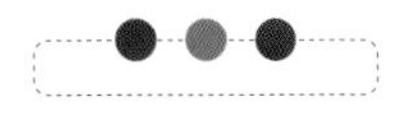

对决型·准对决型配色

对决型是指在色相环上位于 180 度相对位置上的色相组合，接近 180 度位置的色相组合就是准对决型。这两种配色方式色相差大，对比强烈，具有强烈的视觉冲击力，可给人深刻的印象。

在客餐厅空间中，使用对决型配色方式，可以营造出活泼、健康、华丽的氛围，若为接近纯色调的对决型配色则可以展现出充满刺激性的艳丽色彩印象。但由于对决型配色过于刺激，通常沙发和餐桌椅采用准对决型配色，搭配白色调的顶面，或暗浊色的地面。

对决型

充满张力，给人舒畅感和紧凑感。

准对决型

紧张感降低，紧凑感与平衡感共存。

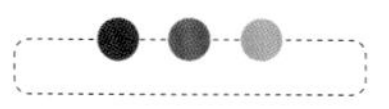

配色 搭配秘笈

C0 M0 Y0 K0
C49 M30 Y100 K0
C29 M96 Y90 K0

1. 用蓝色与橙色组成准对决型配色，避免了空间的紧张感，局部式的准对决型配色使氛围活跃的同时不会使人感到过于刺激。

C0 M0 Y0 K0
C19 M84 Y100 K0
C19 M84 Y100 K0

2. 降低明度的绿色和红色为准对决型配色，在餐厅中采用准对决型搭配既凸显活力又具有平衡感。

三角型・四角型配色

三角型配色是指在色相环上处于三角形位置颜色的配色方式，最具代表性的就是三原色，即红、黄、蓝。三原色形成的配色具有强烈的视觉冲击力及动感，如果使用三间色进行配色，则效果会更舒适、缓和一些。

在客餐厅中通常将一种色彩作为沙发或餐桌椅的主色调，其他两种色调作为配角色或点缀色使用。三角型的配色方式比之前几种配色方式视觉效果更为平衡，不会产生偏斜感。

三角型配色

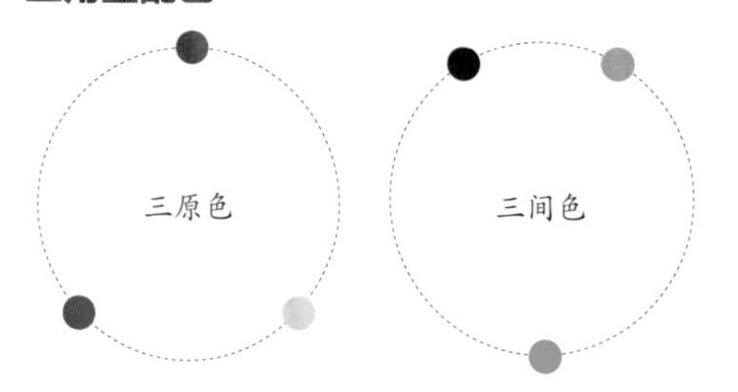

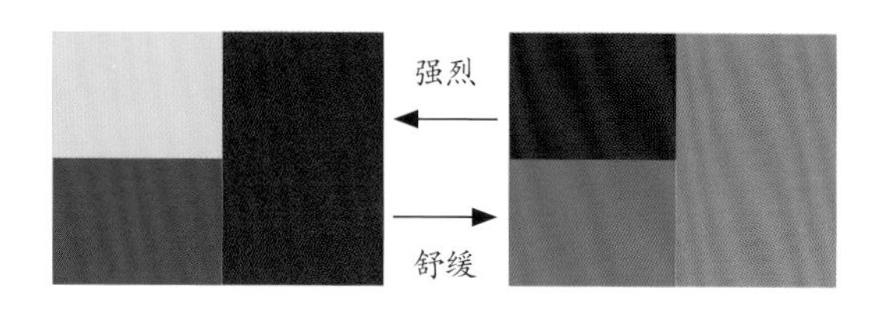

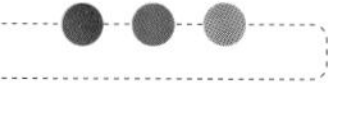

暗色调的红、黄、蓝三原色构成的三角型配色，使客厅显得更为沉稳。

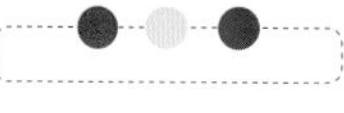

明色调的红、黄、蓝构成的三角型配色，轻松、活泼又兼具平衡感，清透的色彩感觉使餐厅更为时尚。

配色 搭配秘笈

C20 M36 Y93 K0
C90 M80 Y10 K0
C36 M54 Y0 K0

以明艳的黄色为主色调，高明度的紫色和蓝色为点缀色，缔造出一片喜庆的气氛。

C0 M0 Y0 K0
C37 M89 Y49 K0
C14 M7 Y68 K0
C72 M25 Y13 K0

红、黄、蓝三色搭配的沙发与窗外的绿色植物相互映衬，把大自然的气息引入室内，令空间灵气十足。

四角型配色

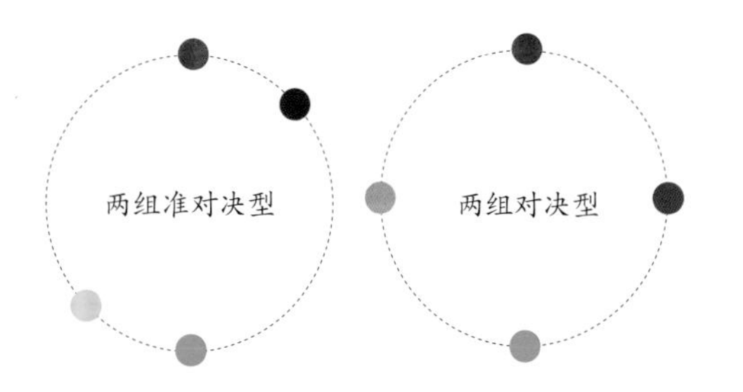

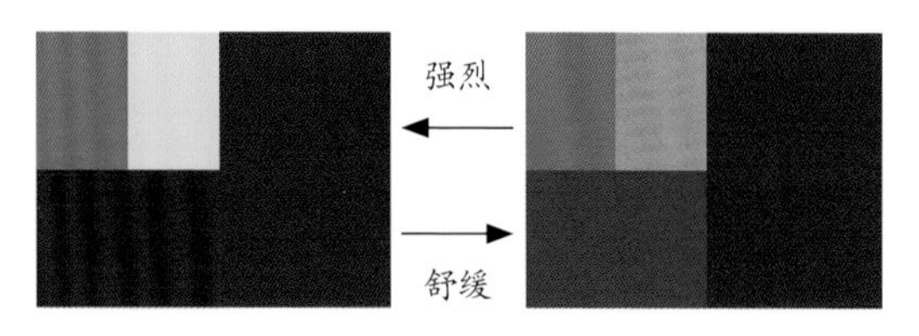

同样以红、黄、蓝、绿四色构成四角型配色，但以明色调的红色作为背景色，蓝色作为主角色，黄色、绿色作为点缀色，色彩感觉更活跃。

客厅以无彩色系作为主角色显得优雅，红、黄、蓝、绿两组配角色作为点缀色具有紧凑感和活力。

全相型配色

在色相环上，没有冷暖偏向地选取 5 ~ 6 种色相组成的配色为全相型，它包含的色相很全面，形成一种类似自然界的丰富色相，充满活力和节日气氛，是最开放的色相型。在客餐厅的配色中，全相型最多出现在沙发抱枕或餐具、挂画等软装上。

要点

全相型配色的活跃感和开放感，并不会因为颜色的色调而消失，不论是明色调还是暗色调，或是与黑色、白色进行组合，都不失其开放而热烈的特性。但应注意的是，最好选取 1 ~ 2 种色彩作为主色，其他色彩仅做点缀色使用，否则易产生杂乱无章的感受。

蓝色和紫色作为软装主色，搭配黄色、红色、绿色作为配角色，明媚的全相型配色令客厅洋溢着幸福的味道。

六色相俱全的全相型配色，将色彩自由排列，令客厅配色更具时尚气息。

全相型配色的色调效果

全相型配色淡色调效果

全相型配色明色调效果

全相型配色暗色调效果

配色 搭配秘笈

C22 M24 Y28 K0　C68 M25 Y45 K0
C28 M83 Y22 K0　C61 M42 Y85 K0
C11 M19 Y37 K0　C64 M20 Y20 K0

1. 在客厅中，最常用到全相型配色的地方莫过于沙发抱枕，可以为平淡的空间增添开放、活泼的节日氛围。

C0 M0 Y0 K0　C54 M20 Y14 K0
C33 M28 Y76 K0　C28 M31 Y0 K0
C59 M4 Y38 K0　C10 M83 Y93 K0

2. 在餐厅中，可以采用全相型的餐具和座椅进行点缀，能够促进食欲，渲染欢快的用餐氛围。

C0 M0 Y0 K0　C19 M19 Y71 K0
C8 M61 Y29 K0　C80 M42 Y10 K0
C75 M45 Y95 K5　C16 M88 Y85 K0

1. 在暖色调为主的客厅中，加入了大花图案的抱枕与多彩的意象画，构成了全相型配色方式，为空间带来女性的柔美气息。

C0 M0 Y0 K0　C49 M30 Y100 K0
C29 M96 Y90 K0　C29 M96 Y90 K0
C29 M96 Y90 K0　C29 M96 Y90 K0

2. 色彩斑斓的沙发与蓝色的背景墙构成一幅精美的彩虹图，属于明媚的全相型配色方式，令客厅彰显出欢乐的情趣。

用色彩演绎空间的绝配之作

客餐厅的色彩印象可以分成两个大类，即无彩色系和有彩色系。有彩色是具备光谱上的某种或某些色相，统称为彩调，可以展现出空间的活跃气氛。与此相反，无彩色就没有彩调，通常用于表现酷雅的客餐厅气氛。另外，无彩色有明有暗，表现为白、黑，也称色调。

色彩分类一览表

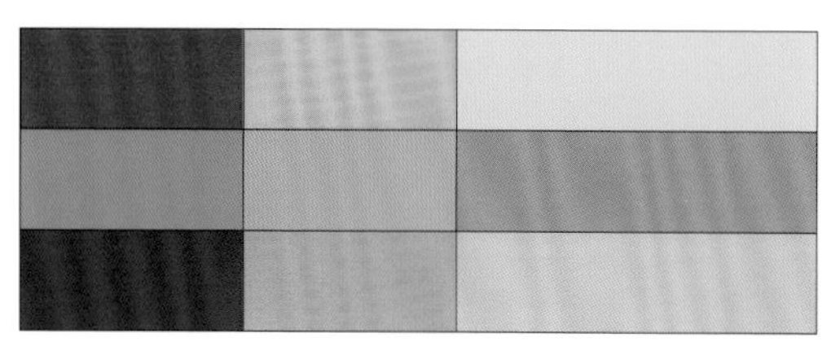

有彩色系

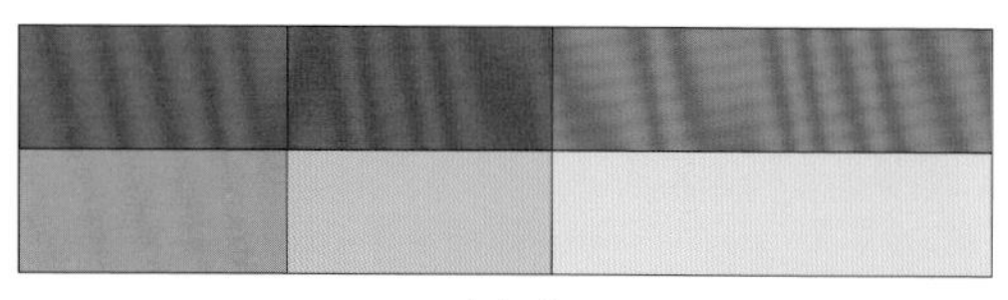

暖色系

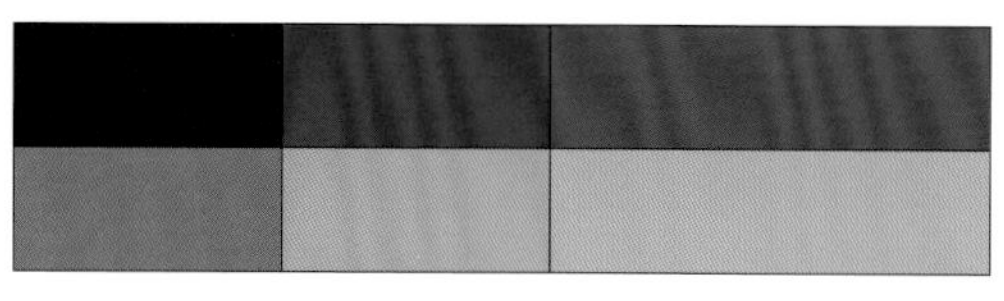

冷色系

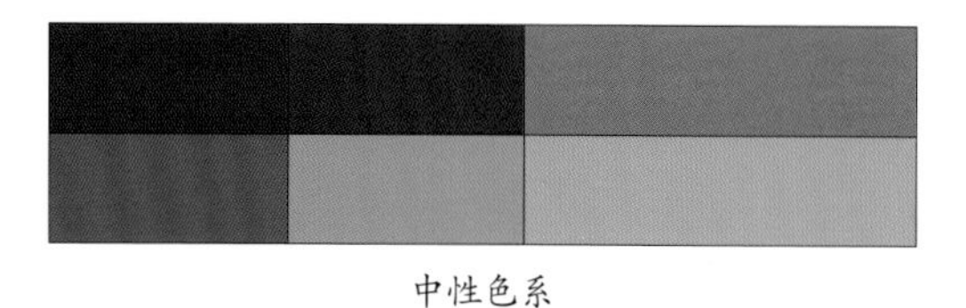

中性色系

无彩色系

家具的色调

冷色调

暖色调

中性色调

无彩色调

暖色系客餐厅

给人温暖感觉的颜色，称为暖色。红紫、红、红橙、橙、黄橙、黄、黄绿等都是暖色。暖色给人柔和、柔软的感受。在色相环上的暖色调使人感觉温暖，用其作为主角色或背景色进行配色能够营造出温暖、轻松的客餐厅氛围。

配色 搭配秘笈

C47 M39 Y36 K0　C35 M31 Y63 K0
C13 M67 Y15 K0

设计师以灰色和淡黄色来衬托出粉色的娇艳，令客厅整体看起来既富有层次，又不显杂乱。

C0 M0 Y0 K0
C48 M99 Y98 K21
C68 M57 Y100 K19
C42 M76 Y73 K0
C33 M56 Y100 K0

1. 大红色的座椅与金色的灯具组合，彰显出欧式餐厅的华贵气息。草绿色和黄色作为点缀色，平衡了空间的暖色调。

C0 M0 Y0 K0
C81 M76 Y75 K55
C12 M54 Y61 K0
C20 M25 Y72 K0

2. 餐厅采用白色与橙色相互搭配，塑造出明艳的视觉空间，令人心情愉悦，胃口大开。

冷色系客餐厅

给人清凉感觉的颜色，称为冷色。蓝绿、蓝、蓝紫等都是冷色。冷色给人坚实、强硬的感受。高明度的蓝绿色、蓝紫色中加入白色，可以突显出客餐厅的清爽气息，加入黄绿色，则能体现自然、平和的视觉感。

配色 搭配秘笈

C0 M0 Y0 K0　C83 M54 Y10 K0
C67 M51 Y25 K0　C100 M96 Y31 K0

1. 不同纯度的蓝色与白色搭配，塑造出具有清爽气息的田园风餐厅。

C0 M0 Y0 K0　C46 M43 Y50 K0
C77 M73 Y54 K16　C87 M58 Y45 K0
C95 M82 Y41 K0

2. 蓝色、紫色与白色的搭配蕴含了平和、自然的感觉。为避免冷硬感，选择米色地砖作为衬托。

1

2

C0 M0 Y0 K0　C42 M76 Y73 K0
C48 M99 Y98 K21　C33 M56 Y100 K0

1. 大面积的白色搭配清淡的绿色、高明度的黄色，塑造出了具有清新、浪漫感的客厅空间。

C42 M26 Y31 K0　C79 M58 Y25 K0
C24 M22 Y28 K0　C68 M74 Y82 K46
C37 M24 Y64 K0

2. 绿色的背景色和蓝色的布艺都属于冷色调，以暗棕色的茶几作为配角色，使空间整体感觉和谐、融洽。

中性色系客餐厅

紫色和淡绿色没有明确的冷暖偏向，称为中性色，是冷色和暖色之间的过渡色。淡绿色在客餐厅中作为主色时，能够塑造出惬意、舒适的自然感；紫色则高雅、神秘，帮助塑造出具有女性魅力的空间。

配色 搭配秘笈

C0 M0 Y0 K0　C41 M20 Y65 K0
C43 M90 Y87 K10　C83 M81 Y83 K70

1. 淡绿色为主色调使客厅更加有生机、活力，搭配粉色的印花布艺做点缀，营造出了清新、阳光的空间印象。

C0 M0 Y0 K0　C75 M74 Y50 K11
C8 M22 Y61 K0　C8 M85 Y45 K0

2. 以紫色、白色组合为大面积的色彩搭配，塑造出清新、文雅的氛围。加入高明度的黄色，传达出轻柔、温和的色彩印象。

无彩色系客餐厅

黑色、白色、灰色、银色、金色没有彩度的变化，称为无彩色。在客餐厅中，单独一种无彩色没有过于强烈的个性，多作为背景色使用，但将两种或多种无彩色搭配使用，能够塑造出强烈个性。

配色 搭配秘笈

C0 M0 Y0 K0
C51 M40 Y36 K0
C89 M85 Y84 K75
C59 M66 Y67 K14

1. 灰色具有绅士、睿智的感觉，与白色组合作为餐厅的主色调，充分彰显出都市氛围。

C0 M0 Y0 K0
C66 M68 Y77 K31
C41 M8 Y30 K0
C12 M51 Y32 K0

2. 以无色系中的深灰色及白色为主要色调，大面积地使用塑造温馨、安逸的北欧风格，加入清雅的蓝色、粉色强化这一主体氛围。

C0 M0 Y0 K0　C89 M85 Y84 K75
C48 M35 Y21 K0　C41 M100 Y70 K3

黑色可以表现出都市中冷峻、神秘的一面，采用大面积的黑色更能强化这一感觉。软装采用紫灰色和白色，减轻黑色的沉重感。

C0 M0 Y0 K0　C67 M59 Y62 K9
C89 M85 Y84 K75　C30 M31 Y41 K0

客厅以黑、白、灰为主色调，具有强烈的文雅气息，用白色和灰色作为主色，黑色作为点缀，实现了明度的递减，具有明显的层次。

• **突出重点色**——给客餐厅带来朝气

• **加强融合力**——缔造客餐厅的稳定气息

Chapter 2

对**不完美**客餐厅配色说 **“NO”**

突出**重点**色——给客餐厅带来**朝气**

如果客餐厅内的主角色不明确，则主次不分明，显得不稳定，使人感觉不安心，此时可以通过突出主角色来改变效果，令客餐厅看起来更具朝气和活力。突出主角色最直接的方式是调整主角色，例如可以提高沙发、餐桌椅的色彩纯度、增强明度差以及增强色相型使其突出；还可以通过增加工艺品的色彩，抑制配角色或背景色的方式使其更加突出。

提高纯度

此方式是使主角色变得明确的最有效方式，当主角色变得鲜艳，在视觉中就会变得强势，自然会占据主体地位。

主角色	配角色	背景色

主角色的纯度低，与背景色差距小，存在感很弱，使人感觉单调、不稳定。

主角色	配角色	背景色

提高主角色的纯度，变得引人注目，成为了所有配色的主角，形成了层次感，稳定、安心。

配色禁忌

✗ 主角色和墙面的色调一致，和整体色彩缺乏对比。配色效果显得单调、乏味。

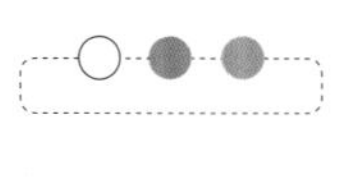

✓ 粉红色的餐桌椅为主角色，纯度饱满与墙面形成强烈的对比，令餐厅更具活力。

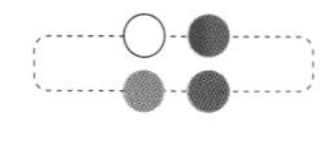

配色 搭配秘笈

C0 M0 Y0 K0　C92 M70 Y44 K5
C63 M41 Y36 K0　C22 M19 Y51 K0
C26 M35 Y48 K0

1. 蓝白相间的沙发纯度很高，所以背景墙采用素雅的白色搭配米色的挂画，衬托出沙发的精致感。

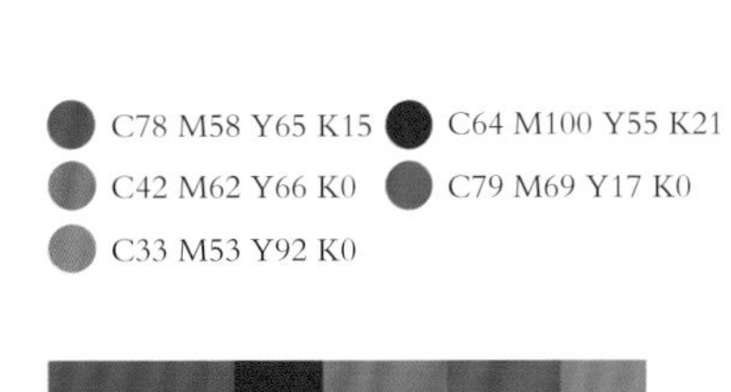

2. 绿色的沙发与紫色的抱枕形成饱和度较高的对比色，在斑驳的白墙下显得更为精致。

增强明度差

明度差就是色彩的明暗差距，明度最高的是白色，最低的是黑色，色彩的明暗差距越大，视觉效果越强烈。如果客餐厅沙发或餐桌椅与背景色的明度差较小，可以通过增强明度差的方式，来使主角色的主体地位更加突出，令空间更具层次感。

主角色与背景色的明度差小，主角色看着不突出，存在感很弱。

调高主角色的明度值后，主角色与背景色的明度差拉大，主角色突出，存在感明显。

✕ 沙发明度较低，与红棕色的墙面很难区分，存在感较弱。

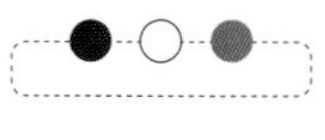

✓ 提高沙发的明度后，客厅显得充满视觉张力，层次感更强。

即使同为纯色，它们的明度也是不同的，越接近白色的色相，明度越高，如黄色；越接近黑色的色相，明度越低，如紫色。在色相环上，角度相差越多的两种色相，明度差越大。如果在深色的背景前搭配家具，想要突出主角，就需要搭配明度高的色彩；反之，在明度高的背景前，搭配明度低的家具也能取得同样的效果。

纯色的黄色和紫色明度差最大，搭配在一起最为明显。

将紫色换成橙色，则明度差有所减小。

配色 搭配秘笈

C0 M0 Y0 K0　C89 M83 Y82 K72
C14 M13 Y86 K0　C39 M66 Y36 K0
C29 M78 Y99 K0

1. 白色的手绘墙与餐桌既具有对比，又相互联系，搭配艳丽的黄色、红色的座椅，令餐厅的整体氛围非常和谐、欢快。

C28 M12 Y10 K0　C80 M72 Y79 K53
C87 M53 Y35 K0　C65 M63 Y51 K4
C70 M46 Y89 K5

2. 绿色的沙发造型优美，突显出欧式风格的华贵与高雅，墙面淡蓝色的背景则与家具形成色彩和明度上的对比，令客厅更具典雅气息。

增强色相型

就是增大主角色与背景色或配角色之间的色相差距，使主角色的地位更突出。在所有的色相型中，按照效果的强弱来排列，则同相型最弱，全相型最强。若室内配色为同相型，则可增强为后面的任意一种。

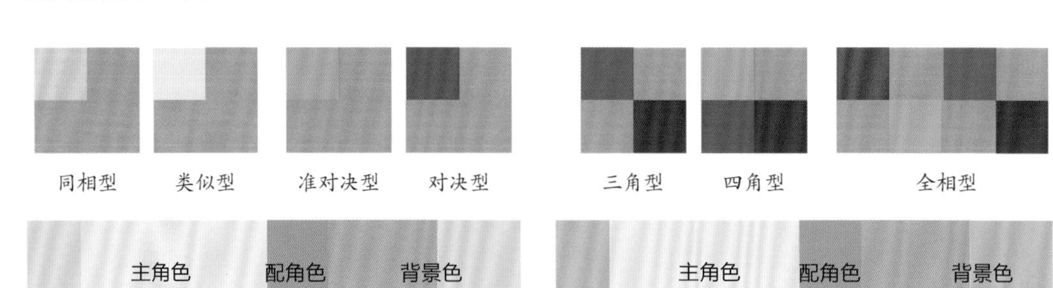

主角色与背景色为类似型配色，差距小，主角色的地位不是很突出，效果内敛、低调。

主角色不变，将背景色变换为与主角色为对决型配色的蓝色，则效果变得强烈起来，主角色的主体地位更突出。

配色禁忌

✗ 沙发背景墙的色彩与主角色相似，令整体空间平淡、无生气。

✓ 背景墙的色彩变成淡黄色后，与白色的沙发形成强烈的对比，使客厅的主角色更为突出。

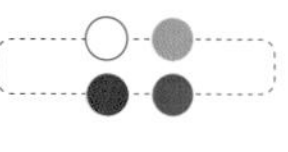

配色 搭配秘笈

C0 M0 Y0 K0
C35 M10 Y18 K0
C58 M58 Y63 K5
C80 M72 Y79 K53
C86 M58 Y100 K37

1. 浅棕色的座椅明度较低，与明度较高的蓝色墙面和绿色花器相组合，令空间不显沉闷。

C0 M0 Y0 K0
C61 M79 Y100 K45
C87 M55 Y48 K3
C33 M78 Y42 K0

2. 沙发造型优雅、精致，与宝蓝色、深红色的窗帘形成色相上的对比，令客厅的整体氛围更具清幽的气息。

增加点缀色

若不想对空间做大的改变，可以为客餐厅的家具增加一些点缀色来明确其主体地位，改变空间配色的层次感和氛围。这种方式对空间面积没有要求，大空间和小空间都可以使用，是最为经济、迅速的一种改变方式。例如客厅中的沙发颜色较朴素，与其他配色相比不够突出，就可以选择几个彩色的靠垫放在上面，通过点缀色增加其注目性，来达到突出主角地位的目的。

边几上的插花

座椅一角的壁挂

多彩的抱枕

对角色搭配的工艺品

配色 搭配秘笈

C0 M0 Y0 K0
C91 M63 Y55 K13
C14 M21 Y61 K0
C9 M72 Y70 K0

1. 素雅的沙发与白色的墙面略显单调，加入宝蓝色和橙色的抱枕后，赋予客厅生机和活力。

C0 M0 Y0 K0
C27 M17 Y25 K0
C70 M54 Y100 K16
C49 M87 Y58 K6
C47 M44 Y82 K0

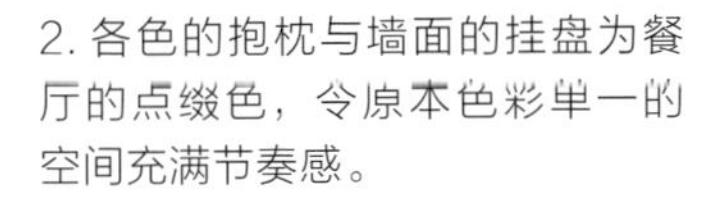

2. 各色的抱枕与墙面的挂盘为餐厅的点缀色，令原本色彩单一的空间充满节奏感。

加强**融合**力——缔造客餐厅的**稳定**气息

如果觉得客餐厅颜色搭配过于鲜明、混乱，看起来不统一，有杂乱无章的感觉。想要变为平和、统一的效果。可以通过调整靠近色彩的明度、色调以及添加类似或同相色等方式来进行整体融合，比如把客餐厅的配角色或点缀色换成和主体家具相靠近的明度或色彩。

靠近明度

在相同数量的色彩情况下，明度靠近的搭配要比明度差距大的搭配要更加稳重、柔和。

主角色与背景色之间的明度差距大，突出主角色的同时带有一些尖锐的感觉。

调节背景色的明度值，与主角色靠近，整体色相不变的情况下，变得稳重、柔和。

配色禁忌

这种方式是一种在不改变原有氛围及色相搭配类型的情况下的融合方式。反之，如果一组色彩的明度差非常小，给人感觉很乏味，则可以在明度不变的情况下，改变色相型的类型，在稳定中增添层次感，不会破坏原有氛围。

✗ 作为主角的沙发与电视背景墙颜色都很暗，与墙面的白色和地毯的浅灰色明度差距大，整体看起来不融合。

✓ 灰棕色的背景墙与沙发、地毯明度相靠近，令整体看起来融合、统一。

配色 搭配秘笈

C0 M0 Y0 K0
C48 M48 Y85 K0
C79 M61 Y57 K11
C31 M90 Y83 K0

1. 白色的主色调搭配蓝色的配角色和草绿色、红色的点缀色，虽然色彩差异性大，但明度统一，所以整体并不感觉杂乱无章。

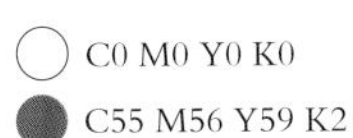

C0 M0 Y0 K0
C55 M56 Y59 K2
C77 M56 Y57 K7
C24 M67 Y72 K0

2. 蓝色与白色明度差异较大，加入灰色的沙发做调节，使客厅整体层次分明，色调统一、和谐。

靠近色调

相同的色调给人同样的感觉，例如淡雅的色调均柔和、甜美，浓色调给人沉稳、内敛的感觉等。因此不管采用什么色相，只要采用相同的色调进行搭配，就能够融合、统一，塑造柔和的视觉效果。

组合中包括了各种色调，给人混乱、不稳定的感觉。

将配角色和背景色调整为靠近色调，效果稳定、融合。

降低了明度的绿色与棕黄色色调相近，同时又有冷暖的对比，搭配使用可以令空间稳定、舒适。

在调整色调进行融合时，注意要避免单调感，可以保留主角色的色调，将其他角色的色调靠近，这样既能够凸显主角色，又不会过于单调。

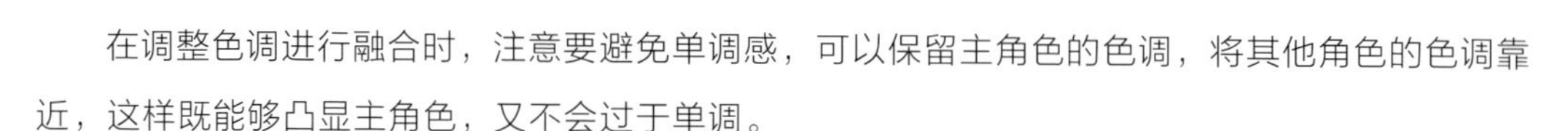

统一为淡色调，非常稳定，但是没有变化，主角色不够突出。

改变成两种色调搭配，变得有层次感，且主角色非常突出、融合，又具有动感。

添加类似色

这种方式适用于室内色彩过少，且对比过于强烈，使人感到尖锐、不舒服的情况。选取室内的两种角色，通常建议为主角色及配角色，添加或与前面任意角色为同相型或类似型的色彩，就可以在不改变整体感觉的同时，减弱对比和尖锐感，实现融合。

客厅以无色系和黄色系为主色调，为避免对比过于强烈，以土黄色的挂画和米黄色的地砖相调节，令整体色调美观、协调。

土黄色的墙面与金色的饰品属同色系，搭配绿色系的座椅和娇艳欲滴的红色花朵，令整体色调在统一中富含变化。

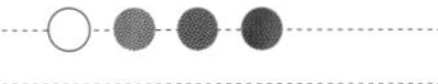

重复形成融合

同一种色彩重复地出现在室内的不同位置上，就是重复性融合 ，当一种色彩单独用在一个位置与周围色彩没有联系时，就会给人很孤立不融合的感觉，这时候将这种色彩同时用在其他几个位置，重复出现时，就能够互相呼应，形成整体感。

高明度的蓝色以不同形式重复出现，令空间整体融合，散发出春日的勃勃生机。

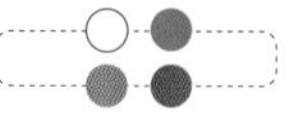

配色 搭配秘笈

1. 米黄色、淡黄色重复出现在墙地面和软装饰品中，将空间很好地贯通融合，形成具有禅意的新中式韵味。

C0 M0 Y0 K0
C33 M30 Y41 K0
C36 M45 Y65 K0
C89 M85 Y84 K75

2. 客厅墙面的装饰品形态多样，但色调重复、统一，所以并不会产生杂乱感。

C0 M0 Y0 K0
C34 M42 Y61 K0
C56 M94 Y86 K45
C73 M54 Y75 K14
C70 M47 Y23 K0

- **现代风**·体现张扬的艺术气息
- **简约风**·享受素雅空间的纯粹味道
- **北欧风**·来源于自然的淳朴气息
- **田园风**·清新浪漫的纯美时光
- **法式风**·演绎不朽的奢华魅力
- **简欧风**·来自欧洲的清新、唯美
- **新中式风**·打造风雅古韵的精致生活
- **地中海风**·感受海洋的味道
- **美式风**·散发着泥土的芬芳

Chapter 3

用**色彩**打造百变**客餐厅**风格

现代风 · 体现张扬的艺术气息

现代风格的客餐厅在色彩的搭配上较为灵活，若追求冷酷和个性的氛围，可全部使用黑、白、灰进行配色。如根据居室面积，选择其中一种色彩做背景色，另外两种搭配使用。若喜欢华丽、另类的家居氛围，可采用强烈的对比色，如红绿、蓝黄等配色，且让这些色彩出现在主要部位，如沙发、单人座椅或餐桌椅。

餐厅使用强烈的对比色，高纯色的色调搭配，令人眼前一亮。

客厅采用以黑、白、灰为主的色彩，彰显出现代风格的个性和时尚。

现代风格客餐厅配色速查

无彩色系	白色为主		客餐厅以白色的背景色搭配同类色或少量彩色的软装，空间氛围简洁、宽敞
	黑色为主		客餐厅家具以黑色为主，搭配深色调或白色的工艺品，具有神秘感和沉稳感
	灰色为主		以灰色调的家具搭配同相色或少量白色，令客餐厅更具时尚感和雅致感
对比配色	双色相对比		用白色调节对比色，能令客餐厅具有强烈冲击力，配以玻璃、金属材料效果更佳
	多色相对比		用无彩色系调节，是最活泼、开放的客餐厅配色方式；使用纯色张力最强
	色调对比		用色调差产生对比，比起前两种对比较缓和，具有冲击力但不激烈

配色技巧

①客厅无彩色搭配需注意比例

客厅作为开敞空间最好选择一种无彩色为背景色，与另外的无彩色搭配使用，最佳比例为 80% ~ 90% 白 +10% ~ 20% 黑；60% 黑 +20% 白 +20% 灰。

②客餐厅适用材料色彩体现现代特征

镜面和金属是现代风格客餐厅的常用建材，可与整体色彩融合设计。如选择茶镜作为墙面装饰，既符合配色要点，也可以通过材质提升空间的现代氛围。

以白色的沙发做主色，搭配黑色的墙面做背景色，令空间对比明显，成功凸显现代风格的张力。

配色禁忌

餐厅高纯度色彩要避免刺激感：高纯度色彩虽然亮丽，但如果在餐厅空间中运用不当，会使人感觉过于刺激。最保险的做法为，将其运用在餐桌椅或挂画上。

✘ 高纯度的黄色大面积的运用在墙面和地面上，令空间显得过于刺激，除非是有特殊要求，否则不要轻易使用。

✔ 高纯度的黄色运用在软装家具上，可以令空间充满活力，同时又不会过于张扬。

配色 搭配秘笈

/无彩色系/

C0 M0 Y0 K0　C70 M61 Y47 K2
C85 M82 Y83 K71　C67 M66 Y59 K13
C69 M44 Y100 K4

1. 黑白灰的经典色调搭配几何形的家具造型和恰到好处的小装饰，令客厅展现整洁、明快的视觉效果。

1

C0 M0 Y0 K0　C21 M13 Y7 K0
C85 M82 Y83 K71

2. 白色墙面搭配银灰色地毯作为软装主色，增添沉稳和现代感，少量的不锈钢作为点缀，整体氛围更为舒适、轻松。

2

C0 M0 Y0 K0　C59 M41 Y31 K0
C70 M71 Y69 K31　C85 M82 Y83 K71

3. 白色的沙发搭配黑色的挂画，使客厅区域有了强烈的对比，地毯采用灰棕色系，柔化了空间的氛围，构成了具有柔和、前卫感的现代风格。

3

C0 M0 Y0 K0　C80 M75 Y75 K53
C46 M52 Y67 K0

1. 以黑色和白色作为主色调的沙发具有鲜明的色彩反差，以金色为点缀色，从而凸显出现代风格张扬个性、大胆前卫的设计效果。

C80 M75 Y75 K53　C68 M60 Y58 K8
C0 M0 Y0 K0　C55 M54 Y72 K4
C69 M52 Y43 K0　C2 M42 Y35 K0

2. 黑色的造型柜塑造出神秘而坚实的现代前卫氛围。灰色大理石和白色吊柜的结合中和了黑色的沉闷感，为空间平添了一丝雅致与酷感。

/ 对比配色 /

C0 M0 Y0 K0　C31 M14 Y21 K0
C68 M55 Y47 K0　C6 M68 Y71 K0
C10 M95 Y67 K0　C45 M27 Y59 K0

1. 浅灰色和深灰色的主色调为空间奠定了雅致、厚实感，以红色、橙色、绿色的布艺织物为点缀，形成了色彩感和明度的双重对比，融合了坚毅和甜美，打破了常规的配色方式，效果个性。

C52 M44 Y39 K0　C52 M87 Y45 K9
C10 M60 Y43 K0　C69 M36 Y99 K4
C24 M27 Y21 K0　C0 M0 Y0 K0

2. 橙色和紫色的沙发令空间宽敞、明亮，以绿色、黄色为副色，可以增添客厅的活泼感，同时以灰色乳胶漆墙面作为沙发背景，令整体氛围更为时尚。

C0 M0 Y0 K0　C85 M82 Y83 K71
C71 M62 Y64 K16　C21 M11 Y84 K0
C87 M60 Y17 K0

3. 客厅使用黑色与白色、蓝色与黄色两对对比色相搭配，制造出令人眼前一亮的视觉冲击力，可以很好地突出现代前卫的气息。

简约风 · 享受素雅空间的纯粹味道

简约风格的客餐厅要求简洁明快，将设计元素简化到最少程度，一般电视背景墙或沙发背景墙不做复杂的造型。但对色彩、材质的选用要求非常高。简约风格的理念是“简约而不简单”，这一诉求在配色设计的体现为对细节的把握，其最大的特点是同色、不同材质的重叠使用。

纯粹的黄色调运用在不同的材质上，令客厅充满了温馨的氛围；地面采用时尚的灰色地毯来融合高明度的家具色调，从而令黄色的沙发更显俏丽动人。

蓝色是海洋的颜色，小面积的点缀在白色调的客厅中，可以彰显出空间的自然气息，同时令人身心舒畅。

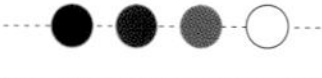

简约风格客餐厅配色速查

白色+彩色	白色+暖色系	 白色的家具搭配高纯度暖色背景墙，能令客餐厅增加靓丽、热烈的氛围
	白色+冷色系	 白色搭配高纯度冷色调沙发或餐桌椅具有清爽、冷静的效果，搭配浅色具有清新感
	白色+对比色	 白色搭配一对或几对对比色能够使活跃客餐厅的氛围，但宜小面积使用
无彩色系	白色	 白色为主的客餐厅可扩大空间感，同时营造出纯净、简洁的氛围
	灰色	 灰色为主的配色在无色系中最具层次感，可令客餐厅呈现都市气息
	黑色	 黑色为主的客餐厅具有神秘、肃穆的氛围，但最好搭配亮色的工艺品，否则易产生压抑感

配色技巧

客餐厅以白色为主塑造简约感

简约，给人简洁、利落的感觉。客餐厅的简约感可以直接通过白色、黑色来表现。此种色彩印象以白色为主色，搭配黑色，或少量其他色彩的家具，从而体现出一种空旷的、宽敞的色彩印象。

客厅以白色作为空间的主色调搭配草绿色的沙发和红棕色的实木收纳柜，营造出清新、素雅的氛围。

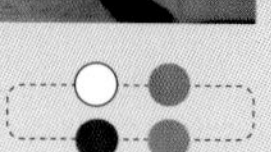

以白色为主的餐厅令人感到温暖舒适，为进餐营造出很好的氛围。搭配黑色的座椅和生机勃勃的绿植，令餐厅如沐春风。

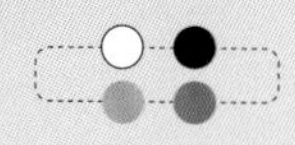

配色禁忌

简约氛围的餐厅具有宽敞、明亮的感觉，应避免采用多种面积相等的色彩进行搭配，否则会显得凌乱而失去简约感。因简约氛围中白色的面积大，因此点缀色不宜采用过多的鲜艳的色彩，否则会分化人的视觉中心，使之失去整体感。

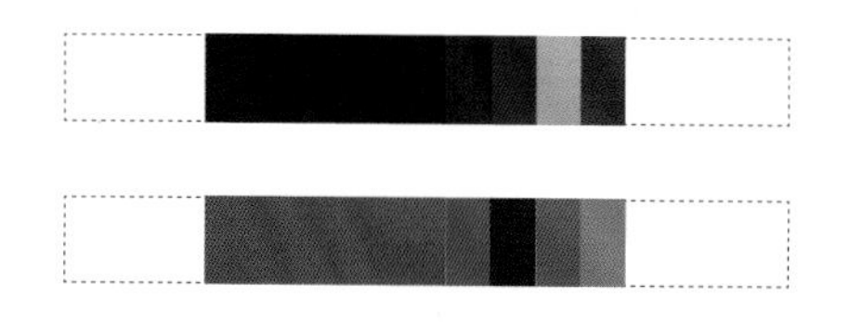

✘ 面积相等的色彩过多，具有凌乱感。

✘ 点缀色过于鲜艳，分散视觉注意力。

配色 搭配秘笈 /白色+彩色/

C0 M0 Y0 K0
C89 M77 Y59 K33
C11 M13 Y74 K0
C31 M84 Y55 K0

1. 简洁的空间界面中，加入清新的蓝色、粉色、绿色系，气氛一下变得动感十足，这样的配色方式大胆却灵活，靓丽却能体现简约风。

C0 M0 Y0 K0
C19 M24 Y86 K0
C80 M22 Y56 K0
C49 M49 Y58 K0

2. 绿色和黄色的点缀使白色系的餐厅配色有了跳跃感，搭配简约的造型和恰到好处的小装饰，显示出整洁、明快的风格特征。

C0 M0 Y0 K0　C28 M95 Y33 K0
C90 M87 Y87 K78　C74 M38 Y100 K0

1. 客厅中的配色非常阳光、时尚，白色的背景色搭配枚红色的沙发和明媚的插花，增添了生活气息。

C0 M0 Y0 K0　C11 M14 Y78 K0
C37 M98 Y92 K0　C31 M49 Y61 K0
C75 M36 Y100 K0

2. 干净的白色沙发作软装的主角，搭配活泼艳丽的抱枕、线条感极强的饰品和灯具，令白色系的客厅不显单调、空旷。

C0 M0 Y0 K0　C42 M23 Y16 K0
C71 M21 Y14 K0　C38 M18 Y70 K0

3. 大面积的白色背景下，点缀以淡蓝色的沙发和草绿色的抱枕，在色彩上形成了清爽而舒适的基调，体现出“简约而不简单”的精髓。

/ 无彩色系 /

C0 M0 Y0 K0　C9 M21 Y96 K0
C67 M58 Y67 K11　C84 M79 Y79 K65

1. 简约讲究少就是多，色彩的搭配上也呼应这一原则。采用黑、白、灰作为主色，满足空间追求宽敞的诉求，而黄色餐椅的加入为客厅增添了一丝清爽。

C0 M0 Y0 K0　C85 M82 Y83 K71
C18 M20 Y18 K0　C55 M61 Y71 K8

2. 客厅中的配色非常简约、干净，白色系的背景色搭配彩色的意象画，增添了简约空间的生活气息。

北欧风 · 来源于自然的淳朴气息

北欧风格客餐厅的墙面一般不用大面积的纹样和图案装饰，只用线条、色块即可。色彩的使用非常朴素，给人以干净的视觉效果。单人座椅或茶几的材料多选择自然类，如木材、藤竹等，搭配淡雅的布艺织物，令空间展现出一种清新的原始之美。

原木色座椅搭配蓝色布艺，演绎出纯美的自然风韵。星星点点的绿植随处放置，更是展示出北欧风格的原始之美。

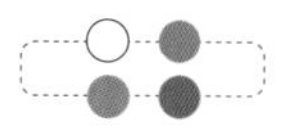

原木色是树木的原始色调，与清新的蓝绿色布艺搭配，能令喧闹的都市呈现自然的唯美。

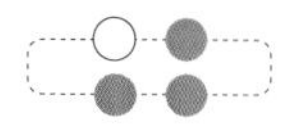

简约风格客餐厅配色速查

色系	配色	描述
白色系	白色+黑色	通常大面积运用白色，少量的黑色布艺作为点缀，同时搭配少量原木色家具
	白色+灰色	与白色+黑色相比，白色+灰色组合，既能体现素雅感，又能令客餐厅对比感有所减弱
	白色+蓝色	两色既可等比使用，也可利用蓝色作空间跳色，如用于抱枕或小工艺品
其他配色	原木色	一般顶、墙面用白色，家具和地板用原木色，体现空间的温润质感
	绿色系点缀	浊色调或微浊色调绿色与白色或灰色组合，可以塑造出具有清新感的客餐厅
	黄色系点缀	黄色是北欧风格中可适当使用的最明亮的暖色，可为客餐厅增添一丝明媚气息

配色技巧

用软装活跃客厅色彩

客厅沙发尽量选择灰色、蓝色、绿色、淡粉色等淡雅色调的布艺产品，其他家具选择原木或棕色木质，再点缀带有花纹的抱枕或地毯，便能将客厅打造得更具自然格调。

客餐厅适用几何纹理或植物图案的装饰

客餐厅在不改变整体设计理念的情况下，可以对设计元素加以统一，如在客餐厅中加入素雅纹理或绿植图案的抱枕、地毯、装饰画等。

绿色的布艺织物与白色的壁炉展现出北欧风格自然与素雅的氛围，蓝色的工艺品打破了空间的沉寂，不经意间为客厅带来清新的美感。

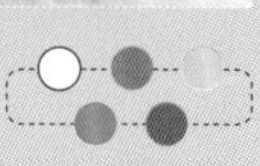

将花草图案的布艺织物运用到客餐厅的布艺织物中，并用白色的背景作为衬托，令客餐厅洋溢出春日的温情。

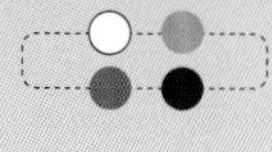

配色禁忌

北欧风格的客餐厅追求洁净的清爽感，应该避免过多地使用厚重的暖色，如果作为背景色或主角色，会让人觉得沉闷；具有强烈对比的色调也不宜大面积地使用，以免过于刺激，不够平和；在使用蓝、绿色时宜避免暗浊色作为背景色，令空间不够清透。

✘ 过于厚重，没有清爽感。

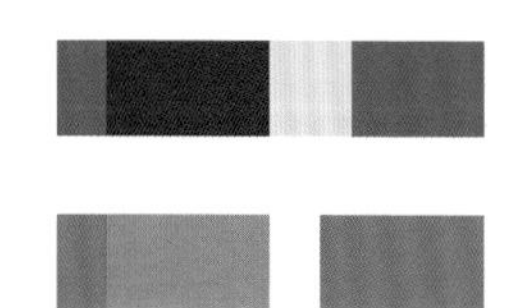

✘ 对比过于强烈，失去平和感。

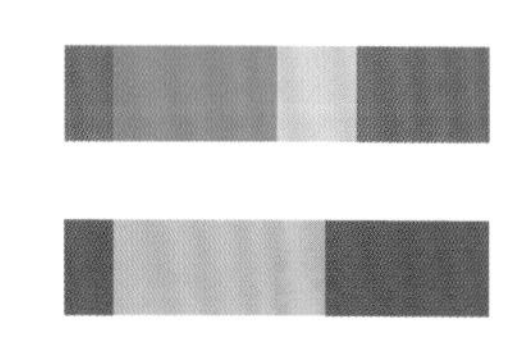

✘ 背景色暗浊不够清透

配色 搭配秘笈 / 白色系 /

C0 M0 Y0 K0
C65 M8 Y15 K0
C13 M14 Y71 K0
C21 M65 Y29 K0
C57 M41 Y69 K0

1. 北欧风格很大程度体现在家具的设计上，注重功能，简化设计。整体配色都围绕着淡雅的白色、蓝色、粉色，使空间中洋溢着温馨和舒畅感。

C0 M0 Y0 K0
C74 M75 Y61 K29
C86 M84 Y75 K64

2. 充满冰雪神话的北欧王国，家居风格也偏爱清新的纯白，客厅一角的白色砖墙搭配黑色的铁艺塑造出干净、梦幻的色调。

C0 M0 Y0 K0　C70 M71 Y73 K36
C79 M73 Y66 K36　C13 M4 Y81 K0

1. 以大面积的白色砖墙搭配黑色的餐桌，同时点缀以黄色座椅，将北欧风格中的简约特征彰显得淋漓尽致。

C0 M0 Y0 K0　C26 M94 Y77 K0
C48 M37 Y31 K0　C46 M72 Y91 K9
C57 M41 Y69 K0

2. 将白色用在占据视觉中心的墙面和沙发上，使空间显得简洁、宽敞且明亮，符合北欧风格的诉求。明艳的红色布艺与灰色文化石的穿插，使北欧特征更加充满生活格调。

1

2

/原木色/

C21 M27 Y32 K0　C0 M0 Y0 K0
C29 M43 Y63 K0　C50 M40 Y51 K0
C51 M67 Y85 K12

1. 大量的米色用在墙面和地毯中，再配以原木色的实木茶几以及蓝绿色的沙发，表现出北欧风格以自然、简约为主的特征。纯净自然的色彩组合方式，体现了风格的人性化。

C0 M0 Y0 K0　C36 M47 Y47 K0
C26 M32 Y39 K0　C23 M19 Y67 K0
C63 M66 Y52 K7

2. 白色打底，用在墙面上，地面采用原木色地板，拉开了空间的高度，同时显得很稳定，选择淡雅的粉色的沙发，搭配不规则的原木收纳柜，塑造出了清新、唯美又不乏柔和感的北欧氛围。

C46 M37 Y31 K0　C0 M0 Y0 K0
C61 M74 Y78 K33　C65 M41 Y96 K0

3. 灰色的布艺沙发搭配原木色的边柜，朴素而具有柔和感，色彩数量虽少，但协调的组合方式，并不会让人感觉单调。

田园风 · 清新浪漫的**纯美**时光

田园风格的客餐厅从大自然中汲取色彩灵感，以展现大自然永恒的魅力，其最主要的特征就是舒适感。沙发或餐桌椅一般以浅色带碎花的布艺为主，色彩通常以米色、浅灰绿色、浅黄色、嫩粉色、天蓝色、浅紫色等主色调，点缀黄、绿、粉、蓝等辅助色调；或以大地色系中的棕色、褐色、米黄色、茶色等为主，配色时可在明度上做对比，区分层次。

以绿色为主色塑造具有悠闲感、轻松感的田园氛围客厅，搭配花鸟鱼虫的图案，让客厅的色彩印象更突出。

用明亮的紫色、粉色和蓝色布艺织物，营造出活力四射的春日气息，令人置身其中心情爽朗。

田园风格客餐厅配色速查

绿色系	清爽感		搭配白色或蓝色，能够为田园氛围增添一些清爽的感觉
	温暖、活泼感		搭配米色、黄色等暖色系，能够塑造带有温暖、活泼感的田园氛围
	梦幻感		搭配粉色、紫色等女性色彩，能够塑造出带有梦幻感的田园氛围
大地色系+彩色	大地色系 + 绿色系		能够令客餐厅更具亲切感和浓郁的自然韵味
	大地色系 + 米色		将米色加入到以大地色系为主的客厅中，能够增加舒适感
	大地色系 + 红色、紫色		使客餐厅配色层次更加丰富，能够表现出浪漫的情调

配色技巧

绿色系展现客厅的生机

绿色是田园风格中最能表达风格特征的色彩，在客厅中可作为背景色或主角色，同时搭配黄色等暖色的实木材质能令客厅呈现出温暖、活泼的田园氛围。

绿色的墙面背景色和顶面的实木交相呼应，谱写出一片生机勃勃的景象。

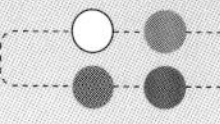

配色禁忌

冷色和艳丽暖色不宜大面积用于餐厅：餐厅宜以温馨舒适为主，因此田园风格的餐厅不宜使用大面积的冷色，特别是暗冷色过于冷峻，没有舒适感。艳丽的色彩，如橙色、红色等，同样不宜大面积地使用，可小面积用于餐桌的工艺品或餐椅、桌旗等布艺中。

✖ 高纯度冷色消极。

✖ 色彩过于活跃，不够温柔。

配色 搭配秘笈 / 绿色系 /

C0 M0 Y0 K0　C42 M55 Y34 K0
C32 M16 Y30 K0　C50 M50 Y57 K0

1. 粉色的碎花图案具有明显的田园特征，再搭配绿色的做旧木柜和原木色的藤椅，使田园的悠闲感更浓郁。而绿色同时还出现在靠枕上，用重复的方式，使整体配色的融合感更强。

C61 M49 Y72 K3　C38 M66 Y100 K0
C0 M0 Y0 K0　C91 M64 Y74 K36

2. 以淡绿色作为背景色，搭配黄色的实木家具和清幽的插花、绿植，令空间充满了悠闲、阳光的田园感。

C54 M47 Y100 K0　C48 M60 Y100 K0
C47 M37 Y39 K0　C0 M0 Y0 K0

1. 采用黄色与绿色作为空间的主色调，塑造出具有明快感的空间氛围，使就餐的心情变得更加愉悦、轻松。

C54 M53 Y65 K2　C0 M0 Y0 K0
C53 M76 Y100 K24　C60 M92 Y72 K42

2. 客厅整体选用带有一点灰度的绿色，更接近自然界中树木的本色，搭配金色和紫色令空间更具田园氛围。

1

2

/ 大地色系 + 彩色 /

C56 M77 Y80 K28　C61 M38 Y60 K0
C0 M0 Y0 K0　C46 M39 Y61 K0
C49 M31 Y26 K0

1. 以绿色和棕红色组成的沙发搭配白色系的墙面，使客厅在悠然的气息中增添了一些活泼和开放感，使人感觉更为舒适。

C0 M0 Y0 K0　C52 M54 Y77 K0
C19 M25 Y14 K0　C22 M8 Y68 K0
C79 M62 Y32 K0

2. 墙面的黄色壁纸带着阳光的炙热，配以绿色和粉色的布艺塑造出惬意、舒适的整体氛围，大地色系的家具和地板使人犹如置身于花园之中。

1. 空间中，墙面和地面都做了彩色处理，且地面的仿古砖颜色稳重；家具选择了红色和棕色的组合沙发，使空间看上去更开阔；格子图案的点缀增加了层次感。

C49 M59 Y89 K5
C58 M100 Y94 K52
C26 M100 Y87 K0
C0 M0 Y0 K0

2. 土黄色能够让人联想到阳光和土壤，以此种色调作为主色调，同时点缀以绿色的挂画和生机勃勃的插花，质朴却不乏生机。

C43 M61 Y100 K3
C39 M22 Y77 K0
C0 M0 Y0 K0
C45 M47 Y95 K0

C10 M12 Y17 K0　C66 M51 Y44 K0
C0 M0 Y0 K0

1. 米黄色的墙面和地面带有阳光的温暖，搭配格子和小碎花的布艺织物，好像在诉说着无限的田园情怀。

C53 M53 Y56 K0　C74 M66 Y47 K5
C63 M68 Y74 K24　C0 M0 Y0 K0

2. 以大地色系中的米黄色与蓝色系为主的色彩组合，搭配红棕色的茶几和边几，能够在单一的印象下塑造丰富的层次感。

法式风·演绎不朽的奢华魅力

法式风格的客餐厅追求优雅、高贵和浪漫的氛围，力求在气质上给人深度的感染。因此很注重色彩和元素的搭配。餐桌椅或沙发可以选用米白色表面略带雕花的形式或金色描边的家具展现高贵气质，布艺织物一般选用嫩绿、粉红、湖蓝、淡紫、玫瑰红等鲜艳的浅色调。

描金边的座椅造型优雅与法式花器相衬托，形成一道明媚的色彩，展示出法式风格的优雅气质。

法式风情的客餐厅用白色、湖蓝、紫色来奠定出浪漫情怀，描金边的家具和挂画彰显出华贵的魅力。

法式风格客餐厅配色速查

色调	配色	图片	说明
白色+淡雅色调	象牙白+嫩绿		带有浮雕的象牙白家具以嫩绿色为衬托，塑造出客厅的梦幻之美
	白色+淡蓝		恢宏大气的白色系石材与淡蓝色相结合能够彰显法式客厅的气魄
	白色+红色系		鲜艳欲滴的红色运用到软装之中，搭配金色和白色能够令客厅彰显喜庆气氛
金色+浓郁色调	金色+绿色		奢华的金色描边家具与嫩绿色相结合，展现异域之美
	金色+紫色		紫色是神秘的色调，与豪华的金色结合，展示出法式贵族的气质
	金色+蓝色		浓郁的湖蓝色与金色同样能够展现法式宫廷气息

配色技巧

洗白手法 + 华丽色调展现客餐厅的法式魅力

法式风格常用木质洗白的手法与华贵艳丽的软装色调来彰显其独特的浪漫贵族气质。在设计上追求一种心灵的回归感，给人扑面而来的浓郁气息，一般家具雕花刻金彰显贵族气质，软装色调则一般选用象牙白、嫩绿、粉红、紫色等色彩强烈、装饰效果浓艳的色彩。

洗白的木质家具与娇艳的粉红色、湖蓝色尽显法式风格的浪漫情调。

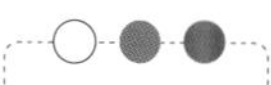

配色禁忌

古典韵味的法式客厅不宜用浅色系： 法式风格的客厅中古典韵味的塑造主要依靠具有厚重感的深暗色系，明亮的色系温馨、安宁，但缺乏厚重感，同时深暗色系面积过小也难打造出古典气息。

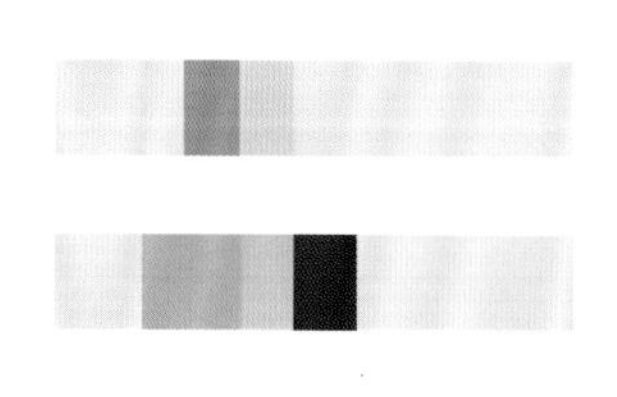

✗ 明亮的暖色系温馨、舒适但不厚重。

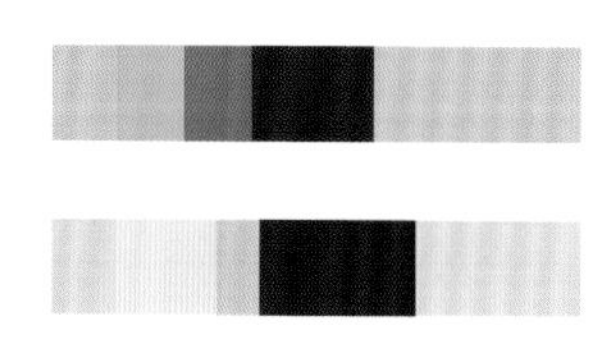

✗ 有深暗的暖色，但面积过小，没有古典韵味。

配色 搭配秘笈 /白色+淡雅色调/

C0 M0 Y0 K0　C68 M44 Y60 K0
C47 M84 Y100 K0　C56 M70 Y96 K20

1. 明艳的橙色加入到嫩绿色、白色的空间中，塑造出具有童话般天真、纯粹、甜美的梦幻氛围。

C0 M0 Y0 K0　C62 M30 Y20 K0
C14 M28 Y50 K0

2. 白色的餐布与淡雅的蓝色餐椅组合，彰显出法式的唯美基调。

C0 M0 Y0 K0　C79 M69 Y47 K7
C52 M28 Y23 K0　C70 M74 Y71 K39
C56 M70 Y98 K23

1. 轻柔、淡雅的蓝色与白色的色彩组合表现出甜美、精致的浪漫氛围。金属色的镜框使空间形成了强烈的明度差，扩大了配色的视觉张力。

C0 M0 Y0 K0　C30 M18 Y14 K0
C70 M74 Y71 K39　C56 M70 Y95 K23

2. 以淡雅的天蓝色搭配白色作为主要配色，渲染出充满浪漫的童话氛围。水晶餐具的点缀增添了一丝灵动感。

/ 金色 + 浓郁色调 /

C33 M39 Y72 K0　C64 M38 Y22 K0
C14 M72 Y66 K0　C79 M79 Y85 K67

1. 墙面和地毯的金黄色奠定了客厅的豪华气息，橙色窗帘的使用，进一步强化了华丽感，并增添了层次感。蓝色沙发作为室内明度较高的色彩，强化了配色的张力。

C31 M38 Y66 K0　C88 M55 Y40 K0
C21 M69 Y65 K0　C0 M0 Y0 K0

2. 客厅墙面的金黄色华丽、浓郁，与娇美的橙色、湖蓝色搭配在一起，具有娇艳而又华丽的色彩印象。

简欧风·来自欧洲的清新、唯美

简欧风格的客餐厅不再追求表面的奢华和美感，它将欧式古典风格与现代生活需求相结合，色彩搭配高雅而和谐，追求多元化。简欧风格的客餐厅保留了古典主义的部分精髓，同时墙面造型和沙发、餐桌椅等家具线条简化，色彩常选用金属色系、无彩色系、暗红色、蓝色等淡雅色彩。

空间中的色彩不多，以无彩色作为大面积配色，形成冷静的配色效果；为了避免单调，加入黄色系作为搭配用色，使空间更具生机。

蓝色的家具搭配金色、银色的墙面配饰，令空间明亮而干净。白色的主色调调和了氛围和层次感。

简欧风格客餐厅配色速查

无彩色系	白色 + 金属色		兼具华丽感和时尚感，金属色常出现于家具和挂画
	白色 + 黑色		白色为主，搭配黑色、灰色，或同时搭配两色，极具时尚感
	白色 + 灰色 + 蓝色		融合舒适感和清新感的配色方式
淡雅色调	淡冷蓝色		作为背景色、点缀色均可，具有清新自然的美感
	金色 + 淡蓝色		使家居配色显得更浓郁，塑造出具有典雅感的空间氛围
	淡暖色系		具有温暖感的客餐厅配色方式，一般搭配冷色系饰品

配色技巧

客厅根据家具色彩进行配色

如果对客厅的配色没有把握，可以先选择沙发和茶几，确定下主角色，然后再根据主角色选择背景色、配角色和点缀色，这样的配色不容易造成层次的混乱。

空间中家具的色彩较纯，如果背景色也用高纯度色彩，容易令配色显得激烈，没有重点；因此采用大面积无彩色进行配色，令空间呈现出带有简欧风格的低调、轻奢的氛围。

配色禁忌

客厅要色彩均衡：清新氛围要依靠冷色调来塑造，但是客厅空间中，如果仅有冷色调会失去温馨感，显得过于冷硬，多少都会搭配一些暖色调。塑造清新感的简欧风格客厅，暖色调的比例和地位就显得尤为重要，应尽量避免将暖色调作为背景色和主角色使用，如果暖色占据主要位置，则会失去清新感。

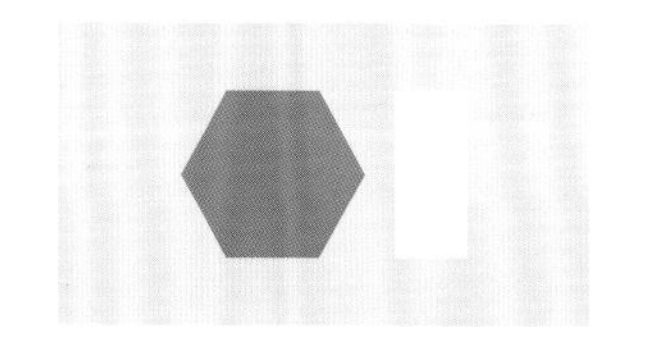

✘ 浅黄色为背景色，蓝色为主角色，失去清新感。

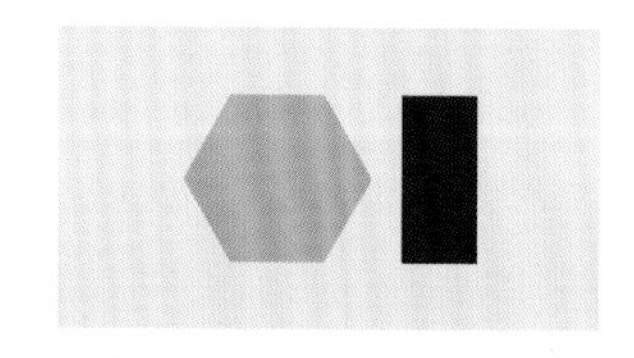

✘ 浅蓝色为背景色，主、配角色为暖色，没有清新感。

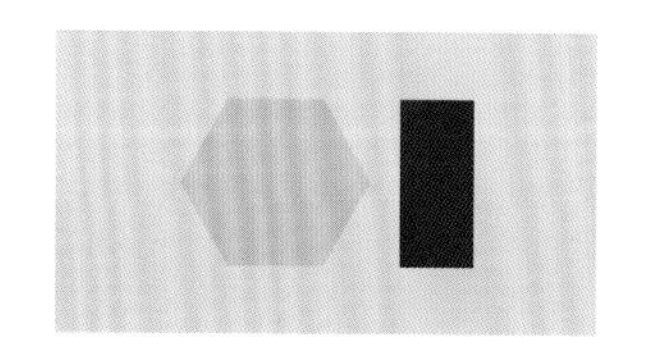

✘ 背景及配角色为冷色，暖色为主角色，清新感不显著。

配色 搭配秘笈

/ 无彩色系 /

C0 M0 Y0 K0　C86 M82 Y82 K71
C14 M89 Y71 K0　C51 M59 Y97 K7

1. 白色和黑色组合的餐厅具有强烈的色彩张力，部分红色和黄色的点缀则为空间增添雅致感。

C0 M0 Y0 K0　C71 M71 Y76 K41
C86 M82 Y82 K71　C22 M41 Y58 K0

2. 大面积的深灰色墙面与金色的边框组合，形成浩瀚大气的视觉感受。金色的不规则吊顶无形中提升了餐厅的时尚感。

1

2

C0 M0 Y0 K0
C33 M26 Y23 K0
C86 M82 Y82 K71
C39 M48 Y81 K0
C65 M23 Y79 K0

1. 白色和明浊色调的蓝色塑造的墙面，形成优雅感的配色环境。搭配金色的欧式沙发，在典雅中又添高贵气息。

C0 M0 Y0 K0
C22 M41 Y60 K0
C86 M82 Y82 K71
C74 M27 Y50 K0

2. 白色不是完全统一的色调，如餐桌为旧白色，墙面为纯白等。这种在一种色相内制造层次变化，不会破坏整体感。同时金色的几何形吊灯和绿色系的布艺软装是餐厅的点睛之笔，令空间色彩有了跳跃的活力。

/ 淡雅色调 /

1. 淡蓝色与金色作为空间的主色，塑造出清爽华贵的家居氛围；几何形的黑色屏风、清新的绿植，使空间的色彩更具层次感。

- C41 M24 Y19 K0
- C37 M56 Y71 K0
- C89 M85 Y84 K75
- C65 M24 Y79 K0

2. 用蓝色和白色为主色塑造的客厅空间，因蓝色的纯度及明度变化，使整体统一中富有层次变化。不同部位的蓝色存在的纯度差，避免了单调和乏味。

- C0 M0 Y0 K0
- C43 M54 Y83 K0
- C38 M88 Y93 K0
- C89 M85 Y38 K0
- C86 M82 Y82 K71

1. 大理石的拼花地砖搭配黑色的描金边家具，形成了具有现代感的欧式空间配色特征。

C0 M0 Y0 K0
C45 M42 Y38 K0
C29 M27 Y39 K37
C49 M36 Y52 K0
C62 M69 Y70 K22

2. 空间的整体配色十分优雅，白色与蓝色形成干净的配色印象，高纯度的黄色则提升配色层次。

C0 M0 Y0 K0
C98 M96 Y41 K0
C73 M48 Y29 K0
C21 M43 Y53 K0

C0 M0 Y0 K0
C61 M58 Y62 K0
C44 M26 Y24 K0
C84 M70 Y73 K45
C22 M34 Y72 K0

1. 白色与淡雅的蓝色组合，搭配欧式的造型，使空间既具有古典的尊贵感又具有海洋般的清新感，整体看起来纯净、典雅。

C0 M0 Y0 K0
C69 M63 Y49 K2
C76 M79 Y37 K0
C98 M86 Y38 K0
C50 M29 Y94 K0

2. 不同纯度的灰色与神秘的紫色作为空间主色调，明度较高的蓝色作为点缀色，提升了空间的清新感，也使配色层次更加丰富。

新中式风·打造风雅古韵的精致生活

新中式风格的客餐厅墙面色彩搭配有两种常见形式，一种以苏州园林和京城民宅的黑、白、灰三色为基调；一种是在黑、白、灰基础上以皇家住宅的红、黄、蓝、绿等作为沙发抱枕或餐厅布艺织物的点缀色。除了这些之外，古朴的棕色通常会作为搭配，出现在以上两种配色中。

当整体配色方式倾向于简约的黑白灰时，镂空雕花的隔断和中式座椅能够强化古典氛围，同时搭配少量黄色调，令空间更具典雅气息。

蓝色的座椅和黄色的地毯典雅美观，令新中式风的客厅更具悠然自得的气质。

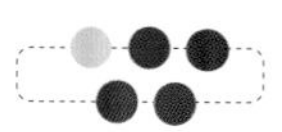

新中式风常见色彩

黄色圈椅

红色、蓝色丝绸

蓝色座椅

蓝色与黄色结合的台灯

新中式风格客餐厅配色速查

无彩色系	无彩色系同类配色		兼具时尚感及古雅韵味的新中式配色方式
	无彩色系+木色		以无彩色系为主，少量搭配木色，可增添整体氛围的温馨感
	无彩色系+棕色系		以棕色系点缀，可强化厚重感和古典感，增添亲切的氛围
无彩色系+皇家色系	无彩色系+红、黄		最具中式古典韵味的新中式配色，具有皇家的高贵感
	无彩色系+蓝、绿		通常会加入棕色系，是具有清新感的新中式配色方式
	无彩色系+多彩色		加入多彩色的新中式配色，可为古雅的韵味注入活泼感

配色技巧

客餐厅用中式图案调节层次

若觉得空间中大量使用无彩色会令家居空间显得单调，可以利用图案来化解。例如，梅、兰、竹、菊、荷花、牡丹等图案运用到墙面或布艺软装上，可以使空间显得更有层次，也更有设计感。

大面积的淡雅色调略显单调，搭配水墨荷花图的挂画和意境高远山水图的沙发，展现出新中式风格的古典韵味。

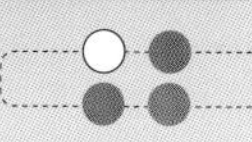

配色禁忌

大面积暗沉的暖色调不适合新中式风格：能够体现新中式风格高雅的色调是灰色系，虽然暗沉的暖色也具有厚重感，但过于浓郁、华丽，不适合大面积地作为客餐厅的背景色或主色，否则表现不出优雅感；高纯度的色调过于活跃，同样也不宜大面积运用，来表现新中式的高雅氛围。

✘ 华丽、厚重，没有高雅感。

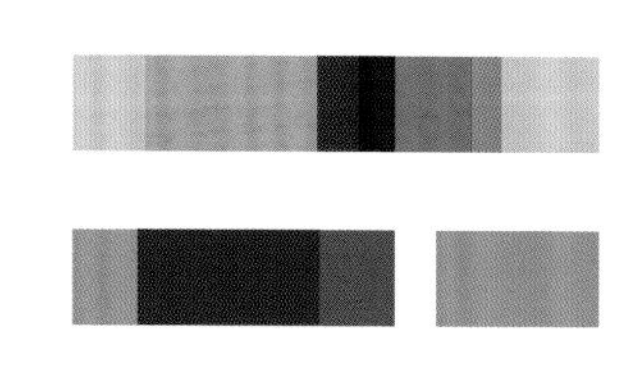

✘ 纯色作为主色或背景色则过于活跃。

配色 搭配秘笈

/无彩色系/

C0 M0 Y0 K0　C63 M61 Y57 K6
C45 M27 Y24 K0　C87 M88 Y79 K71

1. 棕色布艺织物兼容了灰色的细腻感和茶色系的古典，彰显一种带有柔和感的中式底蕴。

C0 M0 Y0 K0　C78 M81 Y76 K61
C61 M68 Y81 K26　C53 M49 Y100 K0

2. 在白色的主色调中，加入少量棕色和黑色，素雅而具有古典韵味。除了保留中式的韵味外，还加了玻璃、金属等现代材料，使空间又富有现代生活气息。

1

2

C53 M43 Y42 K0　C0 M0 Y0 K0
C77 M79 Y74 K55　C16 M18 Y15 K0

1. 在深灰色的墙面上点缀以白色的立体造型，搭配光亮的镜面，可以使黑白灰类型的新中式家居显得轻松、惬意。

C40 M39 Y41 K0　C72 M80 Y83 K60
C86 M63 Y68 K27　C43 M62 Y78 K0

2. 客厅空间足够大且采光佳，用深褐色的中式家具与米色系的墙面搭配，彰显文雅与历史感的同时也不会让人觉得沉闷。

C0 M0 Y0 K0　C29 M38 Y58 K0
C45 M69 Y89 K6　C80 M77 Y82 K63

3. 选择黑、白、灰为主色的新中式风格时，如果觉得过于冷清、肃穆，可以在配色中加入米黄色，用在墙面或地面，能够增添柔和感。

/ 无彩色系 + 皇家色系 /

C0 M0 Y0 K0　C28 M90 Y69 K0
C19 M29 Y43 K0　C75 M71 Y74 K42

1. 新中式与中式古典风格相比配色不再过于严肃，神似而不完全形似更适合现代人的生活需求，在暖黄色的主体色调中，加入一些蓝色、红色，能够使氛围更舒适、层次更丰富。

C0 M0 Y0 K0　C62 M30 Y20 K0
C14 M28 Y50 K0　C14 M28 Y50 K0

2. 蓝色能够第一时间让人联想到大自然，在淡蓝色的背景中，点缀以橙红色台灯，可以为新中式风格的客厅增添蓬勃的生机。

C39 M49 Y84 K0
C77 M77 Y77 K57
C77 M39 Y94 K0
C84 M57 Y26 K0
C60 M91 Y71 K40

1. 线条简练的棕色仿古家具与光滑细腻的瓷器搭配和谐，令客厅尊贵中透着时尚感。

C54 M60 Y73 K7
C46 M38 Y89 K0
C0 M0 Y0 K0
C53 M98 Y96 K39

2. 黄色的墙面上印有梅花图，其清新典雅的格调被古人盛赞，也广泛用于新中式风格中；棕红色的家具与奢华的灯具彰显出新中式风格的大气。

1

2

C0 M0 Y0 K0　C72 M75 Y61 K26
C20 M30 Y51 K0　C98 M84 Y8 K0
C85 M81 Y81 K69

1. 淡紫色与黄色颜色较为沉稳宁静，和艳丽的蓝色饰品搭配能够更好地衬托出客厅色彩的雅致感。

C67 M38 Y21 K0　C69 M31 Y84 K0
C16 M32 Y53 K0　C85 M81 Y81 K69

2. 设计师以蓝色梅花图屏风和中式仿古家具搭配来塑造新中式典雅感，其中蓝、绿色的使用增添了清新感，同时奠定了空间的主色调。

地中海风·感受海洋的味道

蓝＋白是地中海风格客餐厅的常见配色，这种配色源自于西班牙、延伸到地中海的东岸希腊，白色村庄、沙滩和碧海、蓝天连成一片，就连沙发、餐桌椅、窗户、工艺品也都会做蓝与白的配色，加上拼贴马赛克、金银铁的金属器皿，将蓝与白不同程度的对比与组合发挥到极致；另外浓厚的土黄、红褐色调的墙面，搭配北非特有植物的深红、靛蓝的家具，也是地中海客餐厅的常见配色方案。

地中海风格的家居中在白色和蓝色之外，运用了大面积的黄色来配色，使空间形成具有活力的配色印象。

运用大量白色和不同纯度的粉色、蓝色形成经典的地中海风格配色，令空间仿佛具有海风吹过的痕迹。

地中海风格客餐厅配色速查

色系	配色	图片	说明
蓝色系	蓝色系 + 白色		最经典的地中海风格配色，效果清新、舒爽
	蓝色／蓝紫色系 + 黄色		高纯度黄色与蓝色或蓝紫色系搭配，具有活泼感和阳光感
	蓝色系 + 绿色系		通常融入白色，具有清新、自然的效果
土黄、红褐色系	土黄色系 + 红褐色		典型的北非地域配色，呈现热烈感觉，犹如阳光照射的沙漠
	土黄／红褐色 + 浅暖色		土黄多用于地面，红褐色系常依托于木质，氛围舒适、轻松
	土黄／红褐系 + 彩色		彩色常见为蓝色、红色、绿色、黄色等，以配角色或点缀色出现

配色技巧

客餐厅搭配使用海洋元素

客餐厅墙面可搭配一些海洋元素的壁纸或墙饰，例如帆船、船锚、救生圈等，来增强风格特点，使主题更突出。素雅的小碎花、条纹格子图案可广泛用于软装布艺中。适当的时候还可以加一些铁艺家具，绿色小植物等。

以蓝、白为主的客厅中加入纯度较高的红色救生圈饰品形成互补型配色，具有华丽、强烈的配色印象。

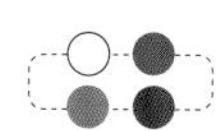

配色禁忌

餐桌、餐垫、灯具最好不要用蓝色：

虽然蓝色清新淡雅，与各种水果相配也很养眼，但不宜过多地用在餐厅。蓝色的餐桌或餐垫上的食物，总是不如暖色环境看着有食欲；同时不要在餐厅内装蓝色的情调灯，蓝色灯光会让食物看起来不诱人，从而影响食欲。

温暖的黄色调餐桌调动人的“视觉味蕾”，同时搭配蓝色椅背，彰显出地中海的风格特征。

配色 搭配秘笈

/ 蓝色系 /

C0 M0 Y0 K0　C100 M86 Y35 K0
C76 M50 Y52 K0　C39 M49 Y68 K0

1. 以蓝白为主要配色的方式使空间不大的餐厅显得非常明亮、清新，地面采用褐色系地毯，令人联想到广袤的土地，为空间增添温馨感。

C29 M32 Y35 K0　C0 M0 Y0 K0
C100 M86 Y35 K0　C26 M55 Y74 K0

2. 用暗浊色的蓝色与白色、灰白色搭配，在稳定的范围内形成了多种层次，少量黄色的加入为空间增添了一些活力感。

1

2

1. 深蓝色、绿色、红色、白色，大胆、奔放的配色，洋溢着明媚感，当然圆弧形和铁艺灯饰也是不可或缺的。

- C0 M0 Y0 K0
- C94 M85 Y47 K14
- C74 M31 Y14 K0
- C0 M93 Y68 K0
- C74 M52 Y100 K0

2. 蓝色布艺织物与黄色地板的碰撞经过灰白色墙面的调节，渲染出略带活跃感的淳朴韵味。只要是源于自然的，即使是对比配色，也会让人觉得舒适。

- C0 M0 Y0 K0
- C26 M25 Y28 K0
- C90 M72 Y36 K0
- C49 M72 Y98 K13

C0 M0 Y0 K0　C15 M20 Y22 K0
C85 M68 Y0 K0　C37 M17 Y29 K0

C0 M0 Y0 K0　C76 M53 Y42 K0
C40 M63 Y79 K0　C24 M26 Y27 K0

1. 以代表性的地中海蓝色和白色、灰白色做主要部分的色彩搭配既稳定又清新活泼，使人眼前一亮。

2. 墙面以白色、蓝色为主要色调，显得纯净明媚，蓝色的布艺沙发搭配实木茶几、电视柜使客厅冷暖平衡，更舒适。

/土黄、红褐色系/

C0 M0 Y0 K0　C61 M58 Y62 K0
C44 M26 Y24 K0　C84 M70 Y73 K45

1. 餐厅面积较小，以米黄色涂刷顶面及墙面搭配米灰色地面能够塑造出宽敞、明亮又不失温馨的感觉；红褐色以分散的方式分布能够降低厚重感，却仍能够烘托主体风格。

C0 M0 Y0 K0　C94 M85 Y47 K14
C74 M31 Y14 K0　C0 M93 Y68 K0

2. 地中海海域辽阔，不同地区的地中海风格特点也不同。北非地中海与希腊地中海相比，配色更加厚重，以土黄或红褐为主，给人一种充满阳光的温暖感。

C39 M49 Y84 K0　C43 M79 Y68 K0
C71 M74 Y76 K46　C61 M95 Y95 K57
C83 M62 Y99 K42

1. 设计师将红褐色调以不同的纯度呈现出来，搭配米色的墙面，塑造出一种大地般的浩瀚感觉。

C0 M0 Y0 K0　C39 M44 Y55 K0
C86 M85 Y75 K65　C46 M98 Y93 K18

2. 在米黄色的大地色上点缀以蓝色的帆船，与红、黄、蓝三色的条纹沙发形成呼应，散发出无限的生机。

1

2

美式风 · 散发着泥土的芬芳

美式风格的客餐厅色彩可以分为以下两类：大地色，也就是泥土的颜色，代表性的色彩是棕色、褐色以及旧白色、米黄色。通常沙发、茶几、边几、餐桌椅等家具采用做旧的棕红色或褐色实木，墙面搭配米黄色系；另外比邻色搭配也很常见，其最初的设计灵感源于美国国旗的三原色，红、蓝、绿出现在墙面或软装布艺上，其中红色系也常被棕色或褐色代替。

带有安稳的米色搭配少量蓝色、褐色，非常的自然且舒适，充分显现出美式乡村的朴实风味。

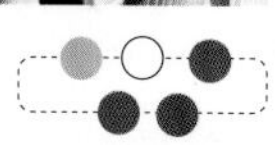

大胆地使用红棕色、绿色和黄色做撞色搭配，同时与柔软舒适真皮的材质相结合，既厚重又不乏自然气息。

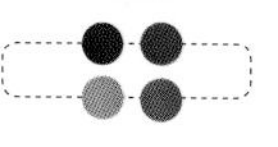

美式风格的家具色彩

棕红色的真皮沙发

大地色系的布艺沙发

褐色的实木边几

美式风格客餐厅配色速查

大地色系	棕色系		棕色系家具与米黄色等浅色调节，具有历史感和厚重感
	褐色系		效果类似棕色系，沉稳大气，但厚重感有所降低
	米色系		与前两种相比更清爽、素雅，具有质朴感
比邻配色	红色系 + 蓝色系		蓝色墙面搭配类似色调的红色布艺，兼具质朴感和活泼感
	红色系 + 绿色系		红色也可替代为棕色或褐色，具有浓郁的美式民族风情
	红色系 + 黄色系 + 蓝色系		最具活泼感的美式配色，两种颜色任何一种作为背景色均可

配色技巧

客餐厅家具选用用棕色或褐色的做旧实木

美式风格的客餐厅主题以贴近自然，展现悠闲、舒畅的气息为主。因此，客餐厅家具可用红棕色或深褐色的做旧实木材料，这种沉稳、怀旧、散发着大自然气息的色调，能够令客餐厅更显舒适。

红棕色的做旧实木壁炉带着自然的淳朴气息，与棉麻布艺相搭配，诉说着无尽的质朴与温馨。

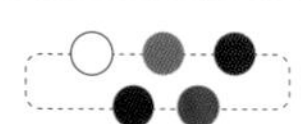

配色禁忌

避免运用过于鲜艳的色彩：在美式风格中，没有特别鲜艳的色彩，所以在进行配色时，尽量不要加入此类色彩，虽然有时会使用红色或绿色，但明度都与大地色系接近，寻求的是一种平稳中具有变化的感觉，鲜艳的色彩会破坏这种感觉。

降低明度的红色系座椅与褐色的实木家具协调统一，彰显美式风格的舒适底蕴。

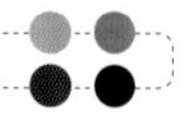

配色 搭配秘笈

/大地色系/

C17 M18 Y22 K0　C55 M72 Y83 K20
C65 M70 Y88 K37　C79 M79 Y54 K20
C44 M88 Y79 K10

1. 以褐色、米色为主色调，蓝色、红色为点缀色调，包含了类似型和对决型配色方式，既具有悠然、舒适的氛围，又带有开放感。

C0 M0 Y0 K0　C59 M71 Y100 K32
C26 M42 Y68 K0

2. 茶色系与白色的组合，渲染出放松、柔和又不失厚重感的美式乡村氛围。宽大舒适的沙发强化了美式风格的舒适性。

C0 M0 Y0 K0　C53 M51 Y68 K0
C74 M80 Y85 K62　C28 M91 Y91 K0

3. 灰白色、灰绿色、褐色等大地色系的组合有朴素、放松的自然气息，这些自然界中存在的色彩能够使人感到安定、祥和。

1. 设计师用软装来塑造美式风情。宽大、厚重的家具造型加以做旧处理的痕迹，配上大地色系的色彩组合，亲切且舒适。

C56 M80 Y88 K33
C21 M26 Y34 K0
C0 M0 Y0 K0
C84 M81 Y86 K71
C61 M38 Y94 K0

2. 墙面的文化石同种色系不同明度的渐变结合，稳定而又具有层次感，且休闲韵味浓郁，搭配厚重的美式家具，兼具悠闲感和怀旧感。

C61 M55 Y50 K0
C59 M77 Y84 K35
C39 M43 Y55 K0
C34 M49 Y58 K0

1

2

C20 M27 Y39 K0
C65 M90 Y93 K62
C47 M73 Y100 K11
C0 M0 Y0 K0
C61 M38 Y94 K0

1. 红砖墙面与自然风光的油画塑造出厚重、亲切的感觉，而米黄色调的大花布艺沙发以及作为点缀的绿植，塑造出了悠然的田园景象。

C14 M31 Y47 K0
C57 M72 Y74 K22
C41 M85 Y100 K0
C51 M20 Y92 K0

2. 茶色系中从米黄色、棕色，到深褐色的不同色调的组合，渲染出了放松、柔和又不失厚重感的美式乡村氛围。绿色、红色的加入强化了自然气息。

/ 比邻配色 /

1. 红色、蓝色源于美国国旗的比邻式配色，条纹图案的沙发具有浓郁的美式民族风情，再搭配大地色家具，又兼容了厚重感。

- C10 M12 Y18 K0
- C32 M94 Y89 K0
- C85 M73 Y44 K6
- C74 M52 Y97 K15

2. 宽大的红棕色真皮沙发与墙面的黄色、蓝色形成鲜明的对比，显示出十足的视觉冲击力。搭配生机勃勃的绿植，彰显出美式风格的自然韵味。

- C0 M0 Y0 K0
- C27 M18 Y66 K0
- C80 M78 Y60 K33
- C56 M77 Y88 K30
- C40 M96 Y87 K0

C0 M0 Y0 K0　C54 M38 Y66 K0
C55 M76 Y86 K29　C23 M46 Y75 K0

C0 M0 Y0 K0　C55 M34 Y39 K0
C47 M73 Y39 K10　C51 M25 Y0 K0

1. 红棕色的实木具有一种沧桑感和质朴感，搭配绿色系的墙面和生机勃勃的绿植，令空间尽显有氧的自然气息。

2. 降低纯度的绿色家具体现出美式乡村风格的天然质朴美感，搭配蓝色系的布艺，为空间带来了清新的享受。

- **局部跳色** 演绎青春的少女之梦
- **蔚蓝色调** 揭开古希腊的神秘面纱
- **元素混搭** 打造优雅复古的浪漫情调
- **红黄蓝** 缔造丝丝女人香
- **高山流水** 缔造灵动新中式
- **大地色系** 表现厚重中式风
- **亮黄＋浅褐** 展现雾气交融的日出印象
- **做旧实木** 演绎白桦林的守候
- **静谧的蓝色** 呈现海洋的吟唱
- **酒红色** 展现醉人的西西里传说
- **草木色** 孕育优雅知性的深秋之梦
- **多种色调** 演绎百花争艳的春日美景

Chapter 4

实景美图——呈现难以抵挡的“视觉诱惑”

局部跳色 演绎青春的少女之梦

黄色给人以精力充沛、活力四射的感觉，与粉红色衔接，点亮了生活中灰暗的角落，即便是残垣断壁，依旧可以映照过往的繁花绚烂。这套配色方案，烂漫而活泼，如同一个明媚青春的少女，在岁月中传递出炙热情感。

解析：在本案中，虽然整体家居色彩亮丽多样，但主色调中依然大量运用了黑白色作为调和，避免了亮色带来的杂乱感。同时在细节处运用抱枕等物作为局部调色，强调了空间的冲突美感。具体配色中可以在定出整体空间大面积的主色后，就可以在局部点缀对比色做出调色效果，丰富视觉层次。之后在这样的空间中，放置一些带有艺术感的家具或装饰物，就能创造出一场带有缤纷意向的空间舞台秀。

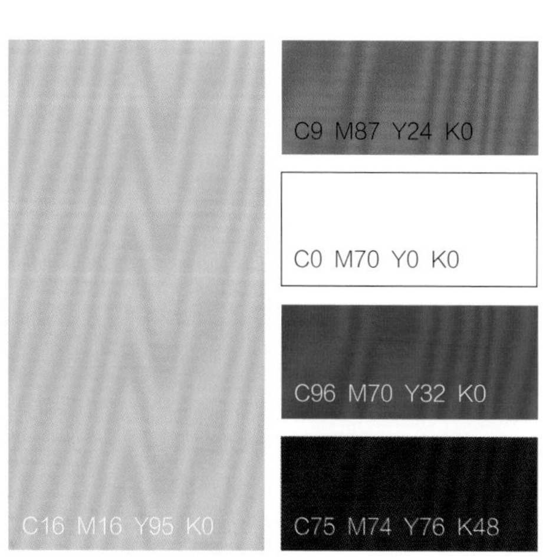

Exit 7
Highway
800 m
MAKE UP
JONATHAN ADLER

1. 枚红色的抱枕与黄色沙发对比明确。

2. 枚红色的单人座椅为点缀色，提升空间的活跃感。

3. 黄色的桌垫与白色的餐桌相搭配，令人充满食欲。

4. 孔雀蓝马赛克与枚红色的橱柜显得活泼而动感。

5. 厨房墙面采用对比色黄色和蓝色瓷砖相搭配，所以采用黑色的餐椅来平衡空间的纯色调。

6. 简约的白色吊灯与餐桌属同色调，营造出空间的现代气息。

「蔚蓝色调 揭开古希腊的神秘面纱」

地中海风格的最大魅力，来自于其纯美的色彩组合，希腊的白色村庄在碧海蓝天下显现出梦幻意境，它的诗情画意不但为室内带来了清新之风，还散发出一股特别的艺术情调。

解析： 白水泥刷的墙面，蓝色的门窗，细腻的沙滩等贯穿在这套案例中。点缀运用了一些风化过的家具，摸上去有被海风腐蚀的触感。在材质上，选用自然的原木、天然的石材、羊毛制品等自然材料组合搭配，充分利用每一寸空间，让现代的都市空间流露出古老的文明气息。虽然窗外是钢筋大楼林立，家里却有一片宁静汪洋。

1
2

3
4

1. 马赛克铺贴的电视柜小巧精致，增添空间亮点。

2. 骄阳似火的花瓶与怒放的菊花展现出色彩的张力，为冷色调的客厅增添了热闹气氛。

3. 斑驳的蓝色漆面如同海水腐蚀一般相间搭配在阳台顶面，令空间充满了古朴韵味。

4. 白色的柜子上面做了开放式的窗户，塑造出海风吹拂的意境。

5. 蓝色的收纳柜洋溢着明媚感，和白色搭配，显示出地中海的清爽意境。

6. 地中海风情的客餐厅常用自然材质的家具，藤竹材质的座椅古朴温暖，塑造出悠闲、惬意的氛围。

TIFFANY'S

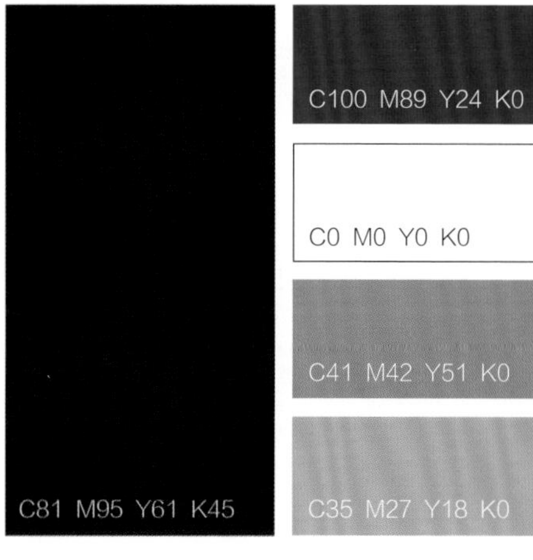

「元素**混搭** 打造**优雅**复古的浪漫情调」

漫山遍野的紫色花朵随风波动，如同海洋掀起一层又一层紫色的浪花。伴着山涧的蓝色水流，将整个天空变成绚彩的世界。让人依恋着淡淡的香气，如梦如幻。

解析： 设计师把法式、现代、中式等各个风格的家具串联起来，缔造出摩登复古又略带现代时尚的居室氛围。沙发后赫本的黑白装饰画优雅复古，沙发上恶搞赫本的猫咪带点小俏皮，黑白几何的地毯摩登时尚。看似毫不相干的物品搭配在一起有时也能发生神奇的“化学反应”。不同图案、颜色、材质相互冲击，互补，就像交响乐队里每个不同的乐器都能发出悦耳的声音，组合在一起更是一场激烈的狂欢。

1. 各种颜色的赫本装饰画随意的摆放，其不同的形态特征为空间增添灵动感。

2. 深蓝色的沙发色彩较为沉闷，搭配灵巧多姿的抱枕，能够活跃空间气氛。

3. 绿色的真皮座椅与实木材质相结合，使空间充满了雅致和妩媚。同时，将空间的诱惑与神秘气息点缀得淋漓尽致。

4. 在黑色的背景墙上设计一些荧光色的字母图案，使空间充满了趣味性。

5. 玻璃花瓶晶莹通透与生机盎然的插花相搭配，渲染出浓郁的自然情调。同时，与绿色的真皮座椅的色彩相呼应，令空间更为整体、统一。

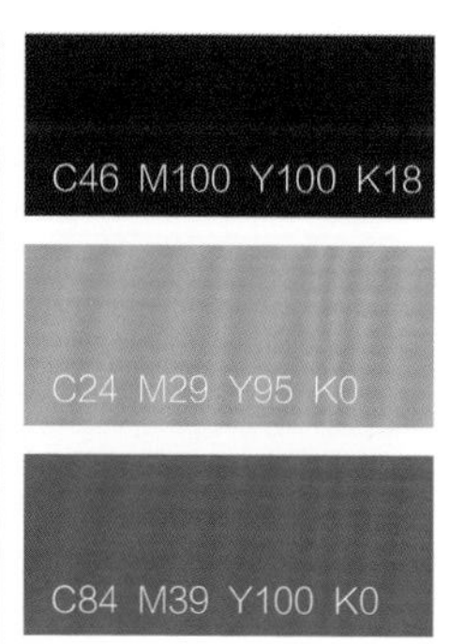

C0 M0 Y0 K0

「红黄蓝 缔造丝丝女人香」

丝丝袅袅音，翩翩惊鸿舞。红、黄、蓝三种纯色调，宛若佳人的轻盈舞姿极具女性的媚态，它吸纳了大自然中最富生命力的元素，凝结着时代的精华，流转出万种神韵。

解析：在纯白的墙面上勾勒出生动的图案，如同儿童的涂鸦般充满灵气。客厅中央摒弃了传统的沙发组合形式，以蓝色的双人沙发搭配造型各异的单人座椅，让主人的起居生活都充满乐趣。多种色彩拼贴而成的不规则地毯更是客厅的吸睛之物，巧妙地融合了客厅的多种家具色彩。

1. 几何形状的地毯巧妙地融合了客厅中各种家具和布艺的色调，令宽大的客厅不显空旷。

2. 蓝色的布艺沙发是空间的主角色，搭配绿色、红色的座椅作为配角色，令空间整体呈现出五彩缤纷的青春气息。

3. 绿色源自于自然的色彩，客厅中选用绿色的单人座椅来搭配主沙发，可以令空间产生时尚且舒适的视觉感受。

4. 蓝色的酒柜嵌入墙体，非常节省空间，令客厅的装饰品和餐具都有了安家之所。

高山流水 缔造灵动新中式

悠远的蓝天上，漂浮着几片云彩，高原上野花缤纷绽放，幽幽的花香沁人心脾，鸟儿在上方盘旋飞舞，虫儿在下面吱吱歌唱。在山涧中飞流而下的瀑布，泛着浪花。在这里没有城市的喧闹，只有大自然赋予的美妙音符。

解析： 本案区别于传统中式风格的厚重与严谨，新中式抽离出传统中式元素，以现代手法加以展现。在空间造型元素中，充分运用中式的云纹，山水，花鸟鱼虫等图案，通过现代的手法融入空间，使空间整体风格仍牢牢定位在中式上。经过简化的中式家具线条更加优美，更符合现代人的生活需求。在配饰方面，大量使用的绿色、烟色等轻巧的颜色，使得空间的质感“软着陆”，旨在营造轻松的氛围，同时增加空间的灵动感。

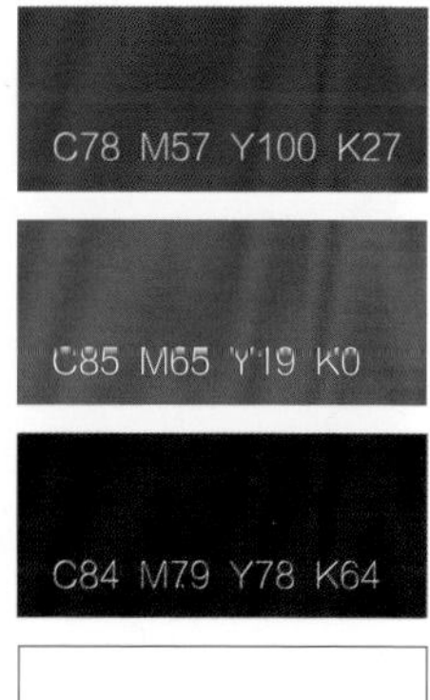

1. 古朴的仿古灯泛着暖暖的黄光，中和了空间的冷色调，令客厅洋溢出温暖的雅致感。

2. 灰绿色的壁纸为空间奠定了雅致的基调，与中国传统的水墨画搭配，展现出新中式的文雅韵味。

3. 白色的餐椅上点缀黄色的荷花，增添雅致感的同时也可以增加用餐者的食欲。

4. 蓝色的地毯采用了浊色调，很好地凸显了餐椅的精致。

5. 明黄色的仿古落地灯如同一轮明月，勾勒出餐厅的中式神韵。

C33 M43 Y42 K0

C59 M56 Y52 K0

C0 M0 Y0 K0

C25 M16 Y70 K0

「**大地**色系 表现**厚重**中式风」

棕色、褐色等大地色是最淳朴、最本质的颜色，沉稳厚重的色彩带来心理上的轻松和幸福感。它温文尔雅的情怀，传承着自然的宽广和包容，成为家居中不可或缺的典型色彩。

解析： 本案没有明显的中式符号，却有整体的中式余韵，没有过多的装饰形态，却有低调的奢华之意。设计师通过形、材、色，使整个空间有一气呵成之感。设计就是这样，不经意、不刻意，强调整体，崇尚意境之美。沙发背景的褐色皮革和棕红色的木饰面柜让客厅的墙面有了丰富的层次感，同时划分了空间的布局。简洁干净的灰色地毯贯穿入内，体现出大气时尚的同时不失中式的韵味。

1. 红棕色的真皮沙发体现出厚重感，与沙发背景墙的浅棕色同属大地色系，结合使用彰显出客厅的浩瀚之感。

2. 书桌采用大芯板外贴苹果木饰面板，其独特的红色纹理体现出新中式风格典雅、尊贵的韵味。

3. 电视背景墙采用灰色调的仿大理石墙砖，与大地色系的家具相匹配，塑造出新中式风格的古朴雅致。

4. 墙面挂画采用蓝色的底色衬托米黄色花朵，展现出花的精致唯美，与灰色调的墙纸相搭配，可强化餐厅的轻松、惬意。

5. 红棕色的实木餐桌搭配橙色的座椅，很好地表现出现代与传统元素融会贯通的亲切感。

C32 M19 Y22 K0

C0 M0 Y0 K0

C71 M51 Y35 K0

C25 M8 Y78 K0

「亮黄＋浅褐 展现雾气交融的日出印象」

在晨雾笼罩中的港口，日出时，由淡紫、微红、蓝灰和橙黄等色组成的色调中，一轮生机勃勃的红日拖着海水中一缕橙黄色的波光，冉冉升起。海水、天空、景物在轻松的笔调中，交错渗透，浑然一体。

解析：作品的设计灵感来自法国画家莫奈的作品《日出印象》，设计师从画中提取出的阳光色，积极的色彩描绘了从大自然中得到的稍纵即逝的瞬间印象。散涂的笔触急骤地涌上将空间变成画布，给生活带来色彩。整个设计的表现正如莫奈的印象派画风一样强调自然界的光和色，用光与色的变化作为设计表现手法。设计中可以看到设计师运用了法国式的浪漫元素。

1. 米色调的沙发和斜拼地砖提升了空间的现代时尚气质。

2. 莫奈的《日出·印象》作为一幅海景写生画，笔触画得非常随意、零乱，展示了一种雾气交融的景象，与沙发背景墙的灰白色交错，浑然一体。

3. 明艳的黄色插花与挂画相呼应，展现出客厅的生机与活力。

4. 大型的插花摆放在餐厅的角落中，绿色的叶子和粉红色的花朵交相辉映，既增加了生气，又不妨碍用餐。

5. 明黄色的挂画令餐厅的光线顿感开阔，非常适合挂在小型的餐厅中。

6. 灰绿色的餐桌如秋日中的干草，显得柔和自然。

「做旧实木 演绎白桦林的守候」

心中的思念化为一只只飞翔的鸽子，扑打着希望的翅膀，盘旋在阴霾的天空下。日复一日，她在那片白桦林望眼欲穿，等待心上人的凯旋归来。她相信，她所守侯的诺言，心上人正在用热血和青春保护。

解析：设计师以白桦林的凄美爱情富于室内陈设中，在素雅的法式乡村风格中，增添了一点点浓重的色彩，让空间更具层次感和延伸感，给人一种美好期望的愿景。在客厅中用旧木色的护墙板来装饰沙发后的整面墙壁，使空间在素净之外平添了几分自然的幽怨。而开敞式厨房和餐厅空间中，蓝色瓷砖与同样做旧感觉的橱柜也让空间的视觉感受更加丰富。

C50 M52 Y54 K0

C30 M28 Y33 K0

C0 M0 Y0 K0

C61 M41 Y36 K0

C31 M100 Y100 K0

1. 棕色的实木保留了天然的色调和虫眼，布置在沙发背景墙上能够展现浓郁的乡村基调。

2. 蓝色、紫色、白色的小型插花相互交错，其亮丽的色调与娇小玲珑的形态，有种回归田野的感觉。

3. 黄色、红色的法式工艺品清新唯美，点缀在空间中可以彰显客餐厅的活力气息。

4. 小型的蓝色花砖如同一幅精美的画作，与天然的木质墙面结合更能彰显精致韵味。

5. 泛着淡粉色的写意墙画与做旧的书架共同组建出古朴、宁静的空间基调。

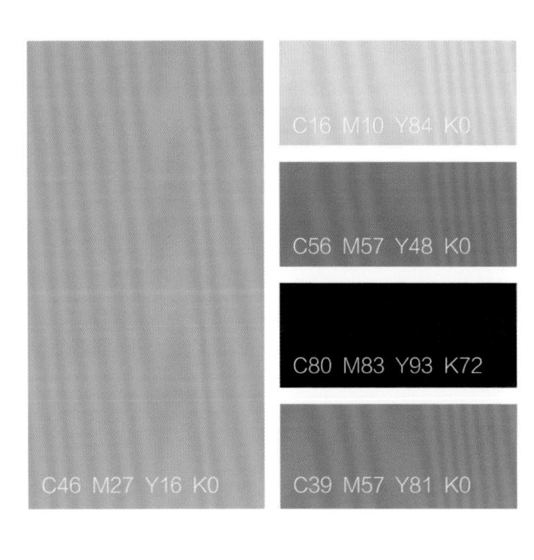

静谧的蓝色 呈现海洋的吟唱

大海就像一位诗人，把满腔的激情挥洒成一朵朵浪花. 时而风平浪静，时而惊涛拍岸，充满着高贵而神秘的力量。当深邃的蓝色遇到神秘的紫色，勾勒出了一幅绝美的图画。

解析： 整个客厅笼罩在蓝色与紫色的氛围当中，使人联想到深邃的大海和浪漫的薰衣草，与娇艳的柠檬黄搭配，令空间展现出浓郁的浪漫和性感格调。灰色与黄色相间的地毯，如同跳跃的音符，突出了时尚的魅力。黑色的台灯与墙面的挂画则为空间带来现代的美感。

1. 天然的大理石纹路如同一幅优美的水墨画，无声地描绘出自然的美景。

2. 地毯花纹富有节奏感，中和了客厅的冰冷气息，提升了空间的整体气质。

3. 花鸟工艺画色调清丽，令蓝色的造型墙面不再冰冷。

4. 天鹅那洁白的身躯伴着粼粼的水光，给静谧的客厅增添了动态的美感。

5. 深棕色与银色相结合的餐桌椅，展现出低调的奢华感。

6. 不锈钢的镜面装饰品与餐边柜的基调相同，更加凸显了餐厅的现代气息。

酒红色 展现醉人的西西里传说

西西里是意大利南方的“珍珠”之一，自然似乎将它所有的奇迹都赋予了这片土地：山、丘陵，最重要的是地中海那令人难以置信的色彩，水晶般清澈的海水、美丽的海床，还有那一片片接天的葡萄庄园。这醉人的酒红色就缘起于此。

解析：在这安静的客厅里，酒红色的真皮沙发仿佛一串诱人的葡萄，在绿色叶子的衬托下闪耀着无限的光芒，做旧的实木电视柜像一个饱经风霜的老人，默默地守候着这一片庄园。嫩绿色与黄色穿插的装饰画让这个有格调的客厅呈现出令人陶醉的自然气息。

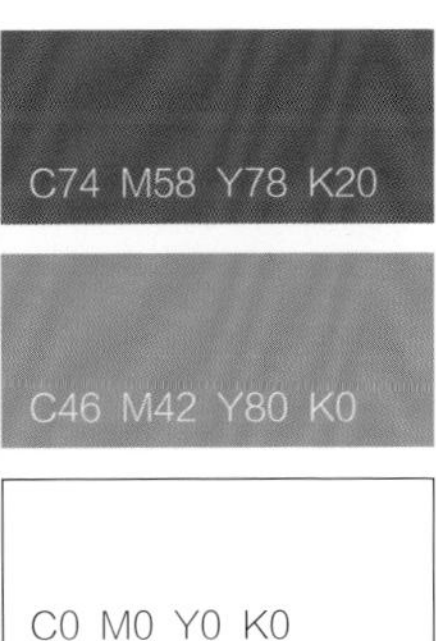

1. 酒红色沙发宽大舒适，尽显美式乡村风情的舒适之感。

2. 金色的铜制吊灯散发着金属的质感与光辉，令空间更显精致味道。

3. 草绿色的单人座椅与酒红色的沙发形成对比，如同一条清澈的小溪流淌于客厅之中，让整个空间有了清新的活力。

4. 小巧的紫色插花点缀于大花布艺的桌旗上，令人如同置身于繁花似锦的庄园之中。

5. 白色的收纳柜美观实用，给生活带来了便利。

6. 棕红色的实木餐桌沉稳大气，其简洁的形状令空间兼具了古典与现代元素。

「草木色孕育优雅知性的深秋之梦」

秋天带着落叶的声音，早晨像露珠一样澄清。天空发出柔和的光辉，澄清又缥缈，偶尔飘过一阵云雀的歌唱。夕阳是时间的翅膀，当它飞遁时，有一刹那极其绚烂的展开。于是薄暮。秋天的魅力在于希望和梦想，而非萧条和失落。

解析： 深秋是收获的季节，金黄的秋叶、宁静的干草、红彤彤的柿子、亮晶晶的葡萄都是秋的色彩，成熟而中性，宁静而随和。整个墙面以米黄色的色调笼罩，搭配宝蓝色的沙发和干草色的座椅，令客厅呈现出干练、知性的风格，令人为之倾心。

1. 宝蓝色的软体沙发彰显出凝重、古典的氛围，与干草色的单人座椅共同组建出空间的会客区，在米色墙面的映衬下，彰显出深秋的广阔景色。

2. 在米色调的墙面上嵌入一幅清新明快的花鸟图，令视觉有了焦点。

3. 精雕细琢的孔雀蓝台灯帮助塑造出有贵族气质的传统感空间。

4. 绿色的皮革座椅搭配雕有金花的实木桌子，衬托得餐厅更有历史感。

5. 绿色、粉色和黄色搭配组建出一幅高雅的自然风景画。

「多种色调 演绎百花争艳的春日美景」

“草树知春不久归，百般红紫斗芳菲”，漫步于繁花盛开的春日田野中，花朵的芳香沁人心脾，莹润的色彩在阳光的照耀下显得更加娇艳。唯有此情此景，恰如其分，诠释出春日的芬芳气质。而生活本来就应该多姿多彩。

解析：奔放的用色，是设计理解上的突破。以往过于追求色调的统一，却忽视了色彩的感性，原来生活其实是需要多姿多彩的。本案的明黄是灵魂色，其他所有的一切色彩都是服务或衬托它的娇艳。如果说空间是有生命的，那么赋予空间生命的核心一定要有主色。没有主色的空间，就算色彩再丰富，也是一盘散沙，没有凝聚力。大面积深色复古地板稍显低沉，黑白相间的菱形拼图的地毯，打破了局面，很好地融合、维系着地板和沙发还有桃木茶几的关系，它们缺一不可。

1. 深蓝色靠椅上那星星点点的桃花红，开得娇艳无比。如果没有那一撮桃红辅佐，那么深蓝色的靠椅就会沉闷许多。就是那么一撮桃红，婀娜高挑的靠椅仿佛扭动了起来，活力四射。

2. 暗色系的窗帘，由纯度很高的暗红、墨绿，以及金色穿插其中，撑起了一方视野。

3. 挂画中的摩登女子，优雅地倚靠着铁艺扶栏侧身静坐，一只手端着盛着鲜红葡萄酒的酒杯，细细品味着，歪着脑袋若有所思，象征着女主人的安逸生活。